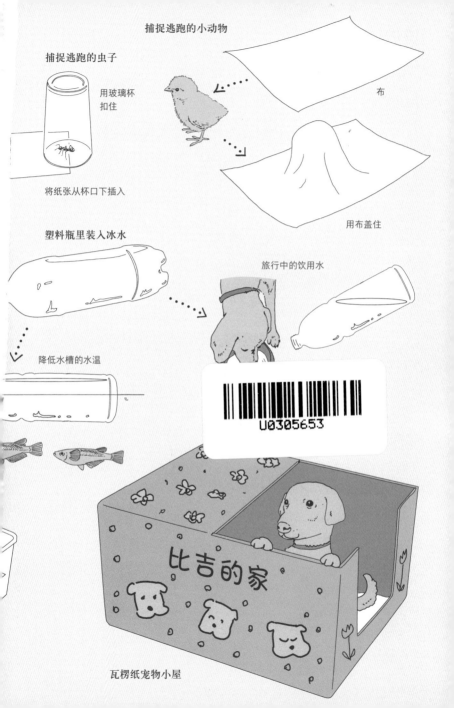

捕捉逃跑的小动物

捕捉逃跑的虫子

用玻璃杯扣住

将纸张从杯口下插入

布

用布盖住

塑料瓶里装入冰水

旅行中的饮用水

降低水槽的水温

比吉的家

瓦楞纸宠物小屋

后浪出版公司

饲养栽培图鉴

[日]有泽重雄 著　[日]月本佳代美 绘　申文淑 译

四川人民出版社

前　言

目前市面上并没有太多有关饲养与栽培的书籍，一般家庭都是照着自己的想法来培育动、植物。或许有人认为，就算培育方式不尽理想，但动、植物的适应力都很强，应该不会有太大的问题吧。对于正准备开始培育动、植物的读者来说，或许认为培育方法正确与否并不重要，不如就凭借着生物的适应力来尝试挑战饲养与栽培吧！

但是当我们在饲养与栽培上花了心血，当然希望动物能够繁衍子代，植物能够开花结果或长出可口的蔬菜。因此，在开始饲养与栽培之前，除了深入了解培育方法，对于动植物喜好何种环境、具有哪些性质，最好都要仔细查阅图鉴，有一番基本的认知，而这也是日后晋升为饲养栽培达人的最佳途径。

在此要特别说明的是，本书并未提供稀有外来物种动物，以及最近人气超强的北美土拨鼠、雪貂、马来熊等的饲养方法，因为这些动物的饲育历史尚浅、较难驯养，且脾性也不适合作为宠物。例如极受大众喜爱的马来熊，虽然有人将它当作宠物饲养，但它的野性会随着成长渐渐显露，使得饲主无法掌控，甚至有人因此将它弃置山野。然而此举会造成马来熊快速繁殖，带给当地动物很大的威胁。

笔者由衷建议，有意饲养动物或栽培植物的读者，在开始前一定要想清楚，饲养与栽培不单只是为了从中获得乐趣，更重要的是要给动、植物不离不弃的承诺，并且是要由自己肩负起责任，而非力不从心时推托给他人。

目 录

饲育

狗·猫和其他小动物

昆虫等

鸟

鱼・蟹等

蔬菜·香药草的培育

饲养与栽培等于掌握生命

饲养与栽培的意义，就是动物和植物的生命掌握在你的手中。

认识各种小动物和植物

这样好吗？

妈呀！

好挤哦……
螯虾在一起！

饲养时要尽量让每种
生物都感到舒适。

嘿！
猎物来了！

嗨！猫…猫
大人！喂！

同时饲养多种小动物时，
先要了解它们的习性。

嗯！就种在
这儿吧！

喂！这里又暗又湿。

饲养或栽培之前，要先
充分了解动物和植物的
特性。

可是，我喜欢
暗一点的地方
耶……

我可以看得
更清楚了！

有时候，饲主
觉得快乐的事，
却给小动物带
来困扰。

照顾宠物和植物是全年无休的工作

嗯。

我正要和朋友出去玩，今天不行喔。

汪！带我出去……

带我出去散步嘛！

啊！怎么就这样走了？!

要知道，小动物们是不懂得配合你的。

今天是假日，再让我多睡一下啦，咋晚打游戏打到半夜……

喵！喂！我肚子饿了啦！

喂！亲爱的主人啊，帮我换一下水吧！饲料也没有了呢……

照顾小动物是没有周末或法定假日的。

有时候想着等一下再做，但却太迟了。

啊！回来了，回来了！今天还没有给我喝水耶，我快渴死了，都要蔫掉。

唉哟！我好累喔，明天再说..好吗！一天应该没有关系吧！

细心照顾使动、植物充满朝气

只要好好照顾，
它们就会生气蓬勃。

有些快乐只有照顾它
们的人可以体会。

饲养与栽培的乐趣

平日多关心，就会产生感情。

自己饲养的小动物生下小宝宝，或是栽培的植物结出果实，是最令人开心的事。

你适合饲养小动物或栽培植物吗

回答 1~5 的测验题，把分数相加，就可以知道自己是否已经准备好迎接饲养或栽培的生活了。

1 早上可以自己起床？
YES 2 分　NO 0 分

2 开始玩电子游戏前，从来不看说明书？
YES 0 分　NO 2 分

3 喜欢的东西，马上就想得到？
YES 0 分　NO 2 分

4 自己可以把抽屉整理得井井有条？
YES 2 分　NO 0 分

5 当仓鼠开始繁殖，就想把它们放生？
YES 0 分　NO 2 分

10 分满分　一定会很细心地照顾小动物和栽培植物。

6~8 分　想要饲养或栽培，还得多多加油！

0~4 分　在决定饲养或栽培之前，要先诚实评估自己是否有能力。

饲育

饲养小动物的基本认知

没有饲主的照顾便无法顺利存活

虽然动物离开栖息地仍具备生存能力，但是当我们把它们养在家里，等于是改变了它们习惯的生活模式。这时，如果没有饲主妥善的照顾，它们是很难顺利存活的。

要对动物充满爱心

当饲主充满爱心地对待小动物，它是会回报的。如果只是一开始觉得它们可爱，之后很快就厌腻的人，是没有资格饲养小动物的。

小时候好可爱，但是……

任何动物幼小的时候都非常可爱，千万不要因此而冲动地带回家饲养。要对它们长大后是什么模样有概念，如果自认还会继续爱它再决定饲养。

维护小动物的健康是饲主的责任

小动物不会说话，因此主人更要每天细心地观察。如果有任何异状，最好立刻带到动物医院看诊。

教宠物懂得社会礼仪

如果自己饲养的宠物看到人就想攻击，或是没来由地乱叫，一定要好好教育，然而在教宠物具备社会性的同时，主人自身也要懂得承担社会责任。

避免长时间不在家

小动物没有饲主的照顾是很难存活的，因此最好要避免长时间不在家，而任由小动物自生自灭。譬如有宠物的家庭就不宜作长途旅行，这是饲养之前就该有的认知。

家人是否有过敏性体质？

家里有没有人会过敏？动物身上的毛、虱子、跳蚤很容易引起过敏反应，家有过敏体质者最好不要饲养宠物。

了解动物的习性

如果饲养时随随便便、不用心，动物会很容易生病，而且性格也会变得很古怪。饲养之前要花点心思研读有关动物的行为、食物、习性等的饲养书籍或图鉴。

饲养书&图鉴

有时动物并不是自己所想象的

动物小的时候，因为力气还很小，比较好照顾，一旦长大后，变得身强力壮，有时野性发作还会咬主人、用爪子抓主人。所以饲主要知道，有时动物并非自己想象的那样。

动物长大后饲养需要更花心力

有的大型犬甚至比人还高壮，力气也非常大，带出去散步确实很费神。此外，当它们生病或衰老到不能动的时候，要抱起它们真的很不容易。所以饲养前要有认知：动物长大后饲养起来是很辛苦的。

饲养宠物是需要花钱的

人生病时可以用医保，部分医疗费用由保险给付，但宠物生病时到动物医院就诊，所有的花费都需要饲主完全负担。这一点在饲养前要想清楚。

避免得传染病

经常听到有人会养一些外来物种动物，甚至有的动物还可以在宠物店买到（参阅下页）。事实上这些动物可能会将某些传染病传给人类，例如猴子的带状疱疹或结核病、狗科动物的狂犬病，等等。所以还是不要饲养外来物种的动物比较好。

要陪伴宠物到最后

有的人半途不想饲养了，会将宠物带到河边、湖边或山野去丢弃。这些被弃养的动物繁殖后，会捕食原本栖息在该处的动物，造成很大的生态问题。饲养宠物千万不可凭一时冲动，并且任何人都没有权力不负责任地丢弃生命。饲养宠物时一定要有陪它们到最后的信念。

哪些动物不宜饲养

不要饲养野生动物

饲养野生动物有可能触犯"野生动物保护法"。不要看它们可爱就任意带回家，珍稀的野生动物是不适合养在家里的。

纸箱　　　旧毛巾

如何保护野生动物

如果有野生的雏鸟或其他刚出生的小动物受伤时，可以先设法帮它们保暖，例如将它们放入铺有毛巾的纸箱里，然后联系当地所属的野生动物保护单位，负责人员会介绍适当的动物保护中心或动物医院、动物园。动物医院或动物园有责任为动物疗伤，待复原后帮助它们重返野生世界。

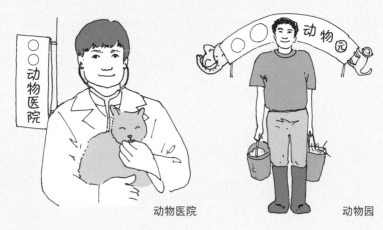

动物医院　　　　　　　　　　动物园

不可饲养的世界
保护动物

不要饲养载入华盛顿公约中
禁止猎捕、买卖、饲养的动
物。不过该公约的精神在于
管制而非完全禁止，它是用
物种分级与许可证的方式，
以达成野生动物市场的永续
利用性。事实上公约中的某
些动物还是可以繁殖，并且
视种类可以在宠物店贩卖。

尽量不要饲养
外来动物

有些宠物店会贩卖外来物种
动物，由于这些特异动物的
生活习性或饲养方式一般人
并不熟知，也没有参考资料，
甚至生病时动物医院也束手
无策，所以尽量不要养外来
物种动物。

如何在公寓或大厦中饲养小动物

遵守住户公约

有的大厦或公寓等集合住宅明文禁止饲养宠物，或是只准许在自家里面饲养不会大声叫的小鸟、小鱼、仓鼠，等等。饲养前一定要先了解相关规定，以免遭到邻居抗议时，宠物会被迫接受处置。此外，即使住宅区没有禁止条文，饲养宠物之前也不妨先向邻居打个招呼，以免别人在没有心理准备下受到惊吓。

与左邻右舍的互动

把宠物接回家以后，最好立刻告知邻居自己家里要开始饲养宠物了。当然，日后碰了面，也要很礼貌地关心对方是否受到自家动物的打扰。人就是这样，只要事先打个招呼，情况不严重，多半都可以体谅。

注意宠物的叫声

在集合住宅里饲养宠物，常被抱怨的就是宠物的叫声。如果家里的猫狗喜欢随意吠叫，做主人的要多多用心调教，以免干扰他人。

注意不要发出臭味

除了宠物的叫声，最常被抱怨的是气味的问题。家中饲养宠物的人，因为"久而不闻其臭"，已经习惯了，但对别人来说往往是难以忍受的。最重要的是吃剩的食物要立刻清理，勤于清扫宠物的排泄物。若需要，可以喷除臭剂。

消除臭味的喷雾剂

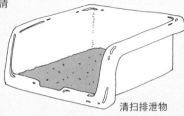

清扫排泄物

卷筒除尘纸

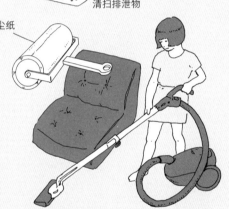

常常打扫室内环境

大部分哺乳类动物的毛都很多，特别是春、秋的脱毛时期，空气中经常飘散着细小的毛。为了维护环境质量，要勤于使用吸尘器将屋内的毛屑吸干净，另外再用除尘卷筒将沙发上的毛黏除。总之，不要让自家动物的毛飞散到外面去。

不要让毛屑飞到外面

饲养宠物时不但要勤于将屋内打扫干净，也要维护屋外的环境，例如不要在阳台上用刷子帮宠物刷毛，以免毛屑四处飞散。

刚把宠物带回家时

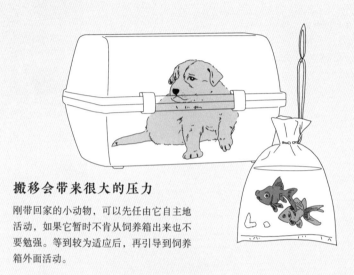

搬移会带来很大的压力

刚带回家的小动物，可以先任由它自主地活动，如果它暂时不肯从饲养箱出来也不要勉强。等到较为适应后，再引导到饲养箱外面活动。

放入有它自己
气味的物品

小动物离开自己熟悉的地方会感到很不安，如果有它以前用过的东西，最好一起放入饲养箱，以帮助它情绪稳定。此外，也可以从它使用过的砂盆取一小撮砂混入新砂盆，以使它更快习惯新的排泄处所。

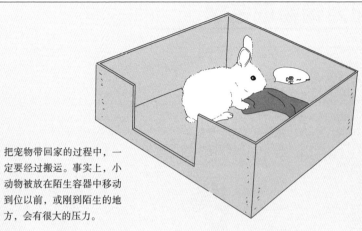

把宠物带回家的过程中，一定要经过搬运。事实上，小动物被放在陌生容器中移动到位以前，或刚到陌生的地方，会有很大的压力。

在小动物还没有适应环境前，不要去触碰它或窥探它。

将饲料和水准备好

小动物刚进入陌生环境，可能不吃也不喝，这时不要强迫喂食。但还是要把水和饲料准备好，放在它的附近，它饿了自然会吃喝。

如何为宠物取名字

取名字的基本原则

宠物的名字可以由它的毛色、来到家里的日期、性格等来取。其中需要考虑到的是，因为会常常带它出去散步，难免有需要大声叫唤它的时候，所以不要取粗俗、叫不出口的名字。动物就和人一样，名字会跟随一辈子，所以请用满满的爱意带宠物取个名字吧！

毛是白色的，可以叫"小白"

一只刚出生的小鸡，可以叫"小小"

脸圆圆的，可以叫"小丸子"。

小黑

从毛色和花纹取名字

例如身上有花斑的可以叫"小花"，全身黑溜溜的可以叫"小黑"，如果只有足部的毛色较深，像穿着袜子一样，不妨就叫它"袜子"。总之，依宠物的外表特征取名字是最容易的。

小花

袜子

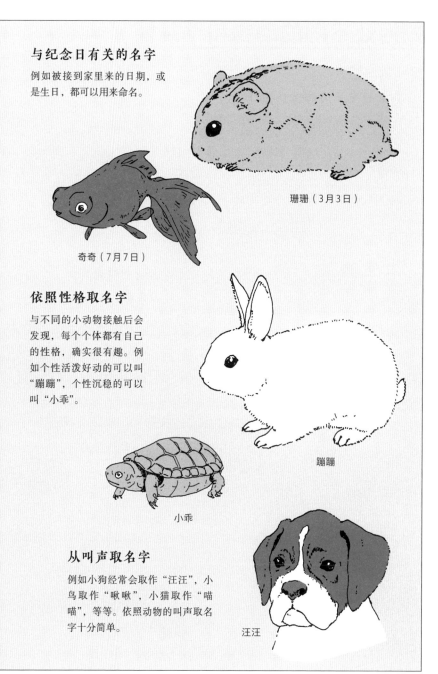

与纪念日有关的名字

例如被接到家里来的日期，或是生日，都可以用来命名。

珊珊（3月3日）

奇奇（7月7日）

依照性格取名字

与不同的小动物接触后会发现，每个个体都有自己的性格，确实很有趣。例如个性活泼好动的可以叫"蹦蹦"，个性沉稳的可以叫"小乖"。

蹦蹦

小乖

从叫声取名字

例如小狗经常会取作"汪汪"，小鸟取作"啾啾"，小猫取作"喵喵"，等等。依照动物的叫声取名字十分简单。

汪汪

如何让不同的动物和平共处

狗和猫是不同的肉食性动物

有时家里虽然已经养了宠物，但还会想要再养一只。许多人担心，不同种类的动物在一起是否会有麻烦。其实动物之间的包容力远超过我们人类的想象，甚至还会变成好朋友。但是狗、猫毕竟是不同种的动物，还是要经过一段时间适应同居生活，彼此才能友善相处。

猫

狗

划出各自的势力范围

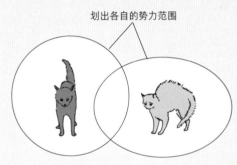

为宠物划定各自的势力范围

很多动物都喜欢拥有自己的势力范围。范围并不一定要很大，如果一开始就限定在狭小的范围里，慢慢地它们也会习惯。但最好不要一直把它们关在笼子里，以免因压力而生病。尤其是同时养好几只宠物时，更要避免这种情形。

告诉它什么是不可以的

狗和猫都是好奇心很强的动物，本能上很喜欢靠近更幼小的动物一探究竟。当家里又新养了刚出生的小动物，如果原来家里的宠物想要逗弄，必须大声呵斥制止。之后，再多次向它展示新来的小动物，并反复教它不可靠近。不可以！

不可以！

让彼此慢慢习惯

让两只陌生的动物突然面对面，双方都会很惊恐，甚至打起架来。最好是将新加入的成员先放在饲养箱里，隔着箱子彼此先适应一下，等到熟悉了再打开箱子的门，让新成员自动走出来，正式地接触。

先暂时放在饲养箱里

同时饲养雄性和雌性

如果同时养了同种动物的雄性和雌性，它们很可能会怀孕、产子。如果并不打算让它们繁衍后代，一开始就要做避孕手术或去势手术。

不同种、不同龄仍可融洽相处

即使是不同种、年龄大小也不相同的动物，只要是住在同一个屋檐下，还是可以很融洽地相处。譬如将一只幼小的狗托给一只母猫照顾，母猫喂小狗吃奶也不足为奇。

不要冷落先来的

当家中来了新成员，常常集所有宠爱在一身。此时如果冷落了先前就来到家里的，它可是会吃醋而离家出走。动物的某些情绪和人类并无差别，所以当新成员来了，也不要忘了先前来的喔。

清洗饲养笼和食器

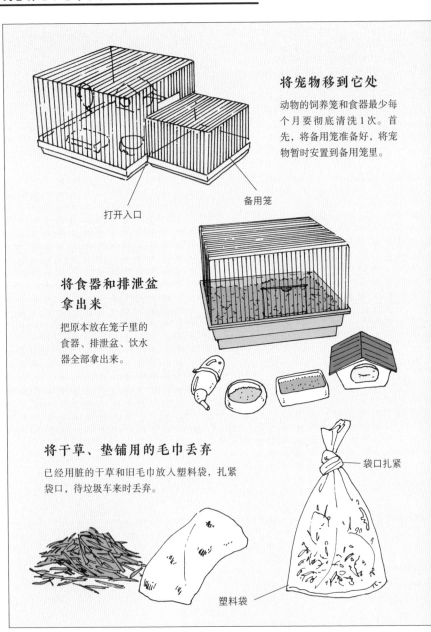

将宠物移到它处

动物的饲养笼和食器最少每个月要彻底清洗1次。首先，将备用笼准备好，将宠物暂时安置到备用笼里。

备用笼

打开入口

将食器和排泄盆拿出来

把原本放在笼子里的食器、排泄盆、饮水器全部拿出来。

将干草、垫铺用的毛巾丢弃

已经用脏的干草和旧毛巾放入塑料袋，扎紧袋口，待垃圾车来时丢弃。

袋口扎紧

塑料袋

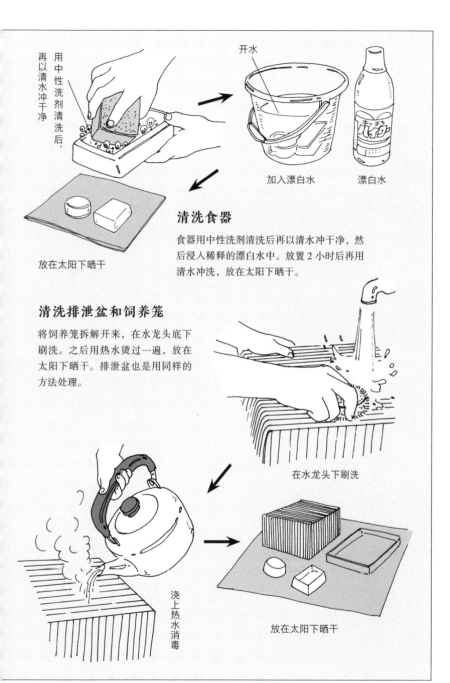

用中性洗剂清洗后，再以清水冲干净

开水

加入漂白水

漂白水

放在太阳下晒干

清洗食器

食器用中性洗剂清洗后再以清水冲干净，然后浸入稀释的漂白水中。放置 2 小时后再用清水冲洗，放在太阳下晒干。

清洗排泄盆和饲养笼

将饲养笼拆解开来，在水龙头底下刷洗。之后用热水烫过一遍，放在太阳下晒干。排泄盆也是用同样的方法处理。

在水龙头下刷洗

浇上热水消毒

放在太阳下晒干

饲料的管理

不可只用白饭加调味料养猫

从前的人养猫都只是喂白饭加柴鱼片等调味用料，这在当时十分普遍，原因是居住环境比较开阔，大部分是有庭院的平房，猫可以经常外出捕食小鸟或老鼠，营养还算充足。但是，现代人大多居住在集合式住宅里，如果还是像从前一样，只是用白饭拌柴鱼片喂猫，它们是会营养不良的。给爱猫均衡的饮食，是饲主的责任。

啊？
又是这个！

白饭拌柴鱼片

用市售的配方饲料最简便

为了让爱猫有均衡的营养，最简便的方式是选择市面上贩售的配方饲料，有饼干型的和罐头型的。选购时最基本的是要按照动物的种类，另外就是要符合它的成长阶段。并且为了安心起见，还要注意有效期限，不要买到过期的商品。

喂食新奇多变化的饲料

有些动物的个性不喜欢变化，只吃某些特定的食物，例如某品牌的配方饲料。但是偏食很容易造成营养不良，导致生病。如果所饲养的动物有这样的问题，可以将它喜爱的配方饲料作为主食，搭配其他品牌，或是在正餐之间补充点心。

吃剩的饲料要立刻处理

宠物吃剩的饲料一定要立刻处理，以免腐败、发出臭味。腐败的食物会带来很大的危害，如果是宠物吃了，可能在体内累积毒素；此外，腐败的食物还会造成环境污染，降低生活品质。

噢，好臭喔！

如何管理已开封的饲料

无论是罐头或纸袋包装的配方饲料，如果已经开封，就要装在密封容器里，放入冰箱保存。

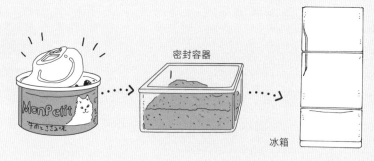

密封容器

冰箱

确保饲料源源不绝

昆虫饲料的贩售常有季节性，旺季时货源丰沛，淡季时常常很难买到，尤其是超市和大卖场更是明显。如果发现有这种情形，不妨向宠物专门店咨询，或是记下品牌的联络电话，直接向厂商购买。

找到合适的动物医院

动物医院一般都是综合医院

动物医院也有内科、外科、眼科、耳鼻喉科，可治疗各种疾病，而"患者"的种类也很多，包括狗、猫、鸟、仓鼠，等等。但如果饲主带去求诊的是外来物种动物，即使医师未曾听过或看过，也非得诊治不可。

寻找值得信赖的动物医院

能找到医术高明、值得信赖的动物医院，会令人感到很安心。如果住处附近没有理想的，可以上网搜寻。好的动物医院非常注重院内的清洁卫生，兽医师对于动物的病况也会清楚解释，并细心治疗。此外，进行手术或一些特殊的治疗前，也会先向饲主说明所需费用。

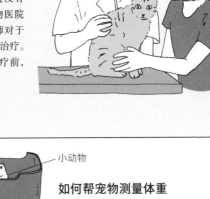

手抱着动物
容器
磅秤
体重计

小动物

如何帮宠物测量体重

动物医院为了开出正确的用药量，必须测量动物的体重。如果家里就有体重计或磅秤，平时就要帮宠物量体重。

总重量 - 饲主和容器的重量 = 宠物的体重

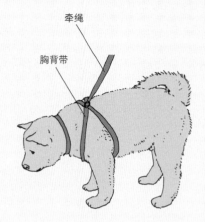

牵绳

胸背带

如何带宠物去医院

到医院前，先帮宠物系上牵绳和胸背带，防止它逃脱或和其他动物发生摩擦时乱跑。如果宠物无法系胸背带，可以使用宠物专用携带笼，将它安全地带到医院。

携带笼

到了医院要先挂号，院方会依照顺序叫号。轮到就诊时，遵照医师指示将宠物放在诊察台上。由于狗或猫可能会咬人，饲主最好用左手握住宠物的颈部，右手轻拍它的身体予以安抚，以便顺利就诊。

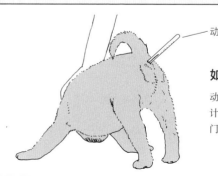

动物用体温计

如何帮宠物测量体温

动物医院可以买到动物专用的体温计，只要将体温计插入动物的肛门，即可正确量出它的体温。

宠物繁衍下一代的准备工作

被弃养的动物会遭到处置

因饲主不愿再继续饲养而被弃置的动物，会被送到动物收容所。过了一定的保护期限以后，会被处以安乐死。根据统计，日本每年被处以安乐死的狗和猫大约有74万只。饲养动物时要先想好是否让它繁衍，否则任其生产，只是徒增无辜的下一代。这一点请千万牢记。

当新生动物无人收养时

毫无计划地让宠物繁衍下一代，新生的小宝宝又无人收养时，该怎么办？针对这个问题，一定要事先思考清楚。以仓鼠来说，一胎有4~12只。当小仓鼠年幼时需要母鼠的照顾，尚可居住在一起，但随着它的体型日渐长大，并且可以开始独立时，就非得要分开饲养了。如果一时没有人愿意收养，就要准备4~12个饲养箱。

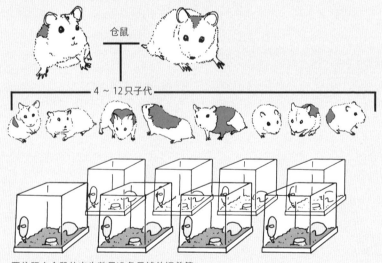

要依照小仓鼠的出生数量准备足够的饲养箱

不要轻易将不同性别的同种动物养在一起

鼠类动物、兔子、孔雀鱼、鱼等，繁殖力都很强，如果不同性别的养在一起，很容易就会繁衍出子代。因此，若不打算增加数量，一定要分开饲养。

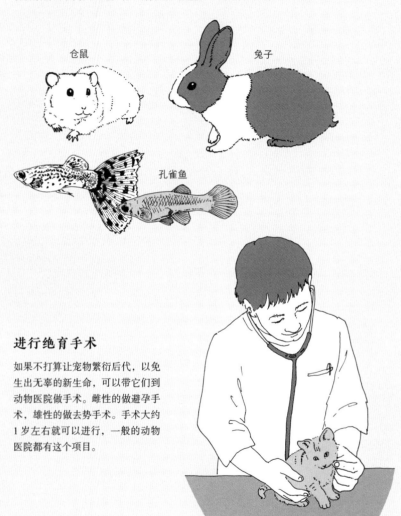

仓鼠

兔子

孔雀鱼

进行绝育手术

如果不打算让宠物繁衍后代，以免生出无辜的新生命，可以带它们到动物医院做手术。雌性的做避孕手术，雄性的做去势手术。手术大约1岁左右就可以进行，一般的动物医院都有这个项目。

长时间不在家时

以 2 ~ 3 天为限

在饲养宠物的期间，总有不得已需要离开家的情形。这时，如果有熟人的话可请人代为照顾，或是暂时寄放在宠物店或动物医院，但最多不要超过 2 ~ 3 天。如果要离家更长时间，最好能带着宠物一起。千万不要长时间离家，只留下一大瓶水和堆积如山的饲料，就把宠物弃之不顾。

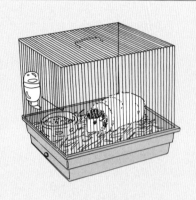

比较容易饲养的动物

鱼和昆虫是比较容易饲养的动物，即使主人离家 2 ~ 3 天，没有托给他人，只要行前多放些饲料并不会有太大问题。

多留些饲料

鱼

昆虫

连笼子一起交给受托人

养在笼子或水族箱里的动物，例如仓鼠、鸟、鱼，等等，如果暂时需要托人照顾，最好连笼子或水族箱一起交给对方，并且要留下足够的食物。

请多多照顾。

ハムスターフード

饲料

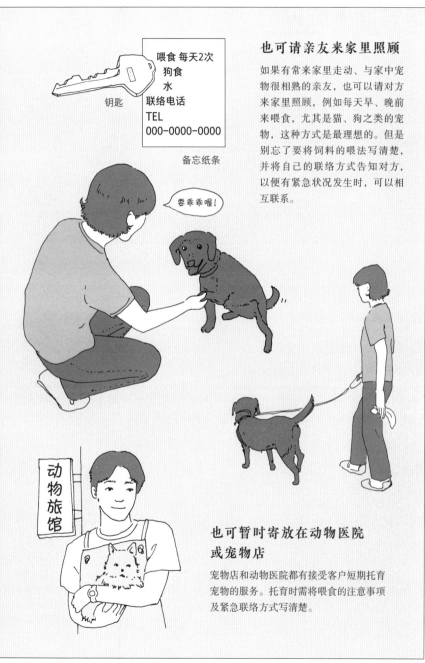

钥匙

喂食 每天2次
狗食
水
联络电话
TEL
000-0000-0000

备忘纸条

耍乖乖喔!

动物旅馆

也可请亲友来家里照顾

如果有常来家里走动、与家中宠物很相熟的亲友，也可以请对方来家里照顾，例如每天早、晚前来喂食，尤其是猫、狗之类的宠物，这种方式是最理想的。但是别忘了要将饲料的喂法写清楚，并将自己的联络方式告知对方，以便有紧急状况发生时，可以相互联系。

也可暂时寄放在动物医院或宠物店

宠物店和动物医院都有接受客户短期托育宠物的服务。托育时需将喂食的注意事项及紧急联络方式写清楚。

带宠物去旅行

出发前的准备工作

让宠物习惯进入专用携带笼

宠物专用携带笼

如果出远门的前一刻才将宠物匆匆"塞"进笼子里，它会惊慌不习惯。最好出发前的一段时间，就让它慢慢习惯在里面生活。

为了让宠物不致在路途中跌跌撞撞，最好准备刚好适合它体型大小的笼子。另外，在笼子底部要铺上报纸和毛巾，以备宠物在移动过程中大小便时，可以吸收排泄物。为了让宠物在运送过程中情绪稳定，笼子外面要用盖布遮住。

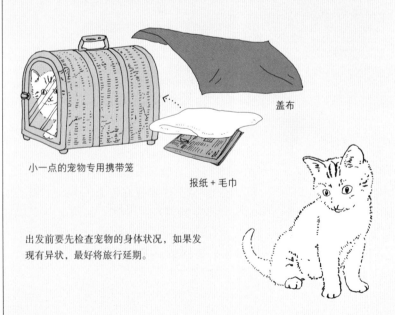

盖布

小一点的宠物专用携带笼

报纸 + 毛巾

出发前要先检查宠物的身体状况，如果发现有异状，最好将旅行延期。

套上胸背带和项圈

为了避免中途查看宠物状况而打开笼子或短暂休息而打开车门时，宠物趁机脱逃，最好为它套上胸背带、项圈和牵绳。此外，项圈要挂上识别牌，上面注明饲主姓名、联络电话。

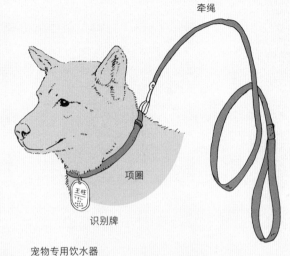

牵绳

项圈

识别牌

水壶

宠物专用饮水器

准备宠物的饮用水

旅程中经常会碰到不易取得饮用水的情形，因此一定要随身携带水壶、宠物专用饮水器、盛水容器等。当情况许可时，要记得喂它喝水。

盛水容器

为了避免宠物晕眩、呕吐，行前不要给宠物吃东西。

开车带宠物出门

不要将宠物放在驾驶座右边

单独开车带宠物出门，不要将它放在驾驶座旁边的位置，否则万一它在途中受惊扑向驾驶人，是很危险的。宠物应放在后座，并且在椅垫上铺上旧毛巾。

轿车后座

将动物放在后座

猫、鸟或其他小型动物放在笼子或篮子里

带猫、鸟或其他小型动物出门时，为了避免它们跑到驾驶人的脚下影响刹车，一定要将它们放在笼子或篮子里。

给予适当的休息

如果小动物不习惯乘车，会感觉特别疲劳。最好每小时让它们下车休息一下，散散步，喝点水。

鸟

猫或其他小型动物

不要将宠物单独留置在车上

即使只是短时间离开车子，例如去上厕所，也不要将宠物单独留置在车上。就算不是炎热的夏季，车子只要在太阳下晒一会儿，车厢内即可能高达 30 ~ 40 度，非常危险。总之，离开车子时，一定要将宠物带在身边。

带宠物搭乘火车

携带宠物搭乘大众运输交通工具时，一定要事先询问清楚相关规则。例如旅客携带宠物搭乘国内火车或高铁时须自备装运容器，且宠物重量不超过 20 千克，并持有铁路部门认可的动物检疫合格证。满足以上条件，乘车当天即可到车站办理宠物托运或押运手续。另外，能够主动攻击人的猛兽、猛禽以及蛇、蝎子、蜈蚣等不能办理铁路托运。

43 厘米以下

宠物箱超过尺寸，必须办理托运。

不得取出宠物把玩。

带宠物搭乘飞机

若要携带宠物搭机，预订机位和购票时须提出申请。上机前，须先放入宠物专用运输笼里，由航空公司统一放在货舱中，到达目的地之后再向托运行李处领取。

将宠物放入专用笼里由航空公司统一保管。

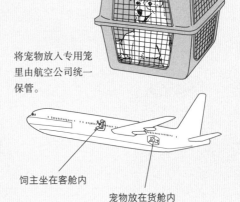

饲主坐在客舱内

宠物放在货舱内

如何替宠物拍照

相机的种类

若想拍摄出好的动物或植物照片，可选用可拍特写的变焦防震相机或自动对焦单眼相机。此外，还有可随拍摄环境自动调整快门所谓的"傻瓜相机"，使拍照更为轻松愉快。

变焦防震相机

自动对焦单眼相机

拍照的取镜原则

大部分的宠物在体型上比人要小得多，如果站着俯拍，感觉会不够生动。为宠物拍照时，最好要放低身体，镜头的高度不超过动物的眼睛，这样才能够拍出自然的照片。

固定焦距

宠物不会一直固定不动，它们经常跑来跑去。最好的方式是选定一个位置，调好焦距，将快门按下一半，当宠物到达预设位置时立刻按下快门，即可拍出焦点清晰的照片。

快门

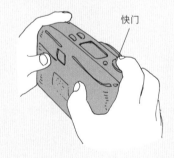

拍出背景朦胧的照片

转动相机的摄影模式转盘，选择到人像模式（依相机而有不同的选择模式），即可拍出背景朦胧、但主角宠物十分清晰的可爱照片。

静态（人像）模式

模式选择转盘

捕捉宠物的动态

若想拍下宠物某一瞬间的动态，可将摄影模式定为动态模式，并提高快门速度，即可拍出栩栩如生的精彩照片。

动态模式

细部的特写

单眼相机附有微型聚光镜片，昆虫及花朵的细部都可以拍得十分清晰。调整相机并将焦距固定好，利用身体略微前倾或后仰，找出最精确的焦距。

单眼相机

微型摄影镜头

如果以变焦防震相机拍摄，可将镜头定在伸出的状态，即可拍出相机所容许的最近距离的物件特写照片。每款相机的最小焦距不同，约在60厘米～1米之间。

宠物失踪时怎么办

如何预防宠物迷路

给宠物挂上识别牌

将宠物的名字、饲主姓名、联络电话写在识别牌上或写在纸上放入小筒子里，挂在宠物的项圈上。

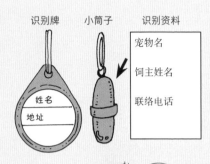

识别牌　　小筒子　　识别资料

姓名
地址

宠物名

饲主姓名

联络电话

当宠物从饲养笼跑出来时

有时宠物会从饲养笼跑出来，到处自由蹦跳。此时，立刻关紧门窗，尤其是会飞的鸟或身手灵活的猫最要小心防范，否则很可能飞出窗外或从阳台摔下楼去。

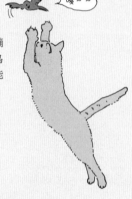

嘎～～

牵绳

胸背带

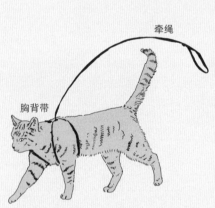

带宠物外出时

带宠物外出时要给它戴上项圈和牵绳以防止逃脱。

哇！
真无聊！

搬家时

刚搬到新的居所时，即使是曾经自由外出、令人很放心的猫，在前3天最好暂时不要让它外出，以便先适应新家的环境。

宠物走失时如何找

张贴海报

如果不慎让宠物走失了，除了赶快到附近寻找之外，还要在最短的时间内在公园、小区布告栏、动物医院张贴海报。很重要的是，海报上要指出宠物的特征，以方便他人辨识。如果对协助者有实质的酬谢也可写明，效果会更好。

寻猫启事

○月○日本人爱猫于○○走失，恳请善心人士协寻，若经寻获必有重谢。

照片

爱猫名 玛格丽特
特征 有条纹
联络方式 毛美 ○○○○ - ○○○○

毛美寻猫启事	毛美寻猫启事	毛美寻猫启事	毛美寻猫启事	毛美寻猫启事	毛美寻猫启事	毛美寻猫启事	毛美寻猫启事
○○○○-○○○○	○○○○-○○○○	○○○○-○○○○	○○○○-○○○○	○○○○-○○○○	○○○○-○○○○	○○○○-○○○○	○○○○-○○○○

此处载明联络电话。可让有意协助者撕下带走，以便联系饲主。

夹报

将海报的内容做成广告单的形式夹在报纸中，也是可行的方式。夹报需要付费，可向附近的报社询问。

到流浪动物之家或保护动物协会探寻

有些地区的流浪动物之家或保护动物协会对走失的猫、狗有收留或保护的服务，可前往探寻。不过要特别注意的是，猫、狗都有固定的收留日数，超过保护期限即会予以处置。

流浪动物之家

Townpage
城镇电话簿

委托便利商店协寻

在日本，有些人会在城镇电话簿（Townpage）上注明搜寻宠物的讯息，或拜托便利商店的店长请顾客代为注意。须注意的是，事前要先确认搜寻方式和付费标准。

当宠物死亡时

任何动物的生命都是有限的

小动物的生命比人类短很多，当心爱的宠物离开人间，主人都会感到很伤心，并且想要亲手埋葬它。

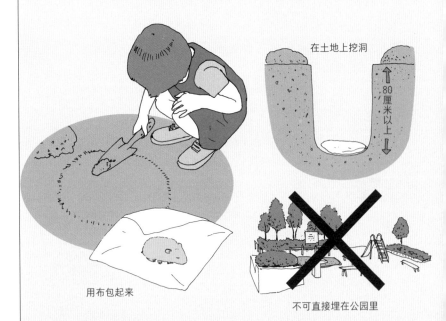

在土地上挖洞

80厘米以上

用布包起来

不可直接埋在公园里

体型小的宠物

如果自己家有庭院，可以将宠物直接埋葬。一般的公园或空地是禁止随意掩埋动物尸体的，请务必遵守。为宠物挖墓穴时，深度要80厘米以上，并且埋葬前要用布包裹。

体型大的动物
交给防疫所

如果家里的宠物体型较大，无法直接埋在自家庭院，可联络环保单位处理。为了避免尸体发出臭味，要先用塑料袋包好，然后放入纸箱。

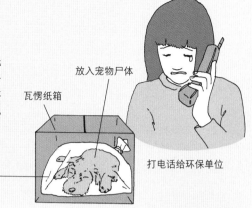

放入宠物尸体

瓦愣纸箱

塑料袋

打电话给环保单位

埋葬在宠物墓园

从网络、电话簿上查询，或咨询动物医院

Townpage
城镇电话簿

塑料袋

瓦愣纸箱

放入宠物尸体

火化后将骨骸埋葬在宠物墓地

想要将宠物的遗体妥善处理，可以从网络、电话簿或动物医院咨询宠物墓园。有的墓园有诵经、火化、土葬等服务。

如何购买宠物

去一趟宠物店，可以看到各种可爱的动物，狗、猫、兔子、仓鼠等。但千万不要只是因为觉得它们可爱，就一时冲动买回家。购买宠物之前要先考虑自己是否有能力照顾它，是否会带给左邻右舍困扰而遭到投诉。总之，从拥有的第一天开始，就要对宠物负起责任。然而，动物并不是永远维持着小时候的可爱模样。事实上，随着成长，它们的面貌和形体都会改变，甚至连性情也会变得较为野性。所以购买宠物时绝不要凭着一股冲动，而要和家人充分沟通、达成共识后再决定是否饲养。此外，购买宠物时还要注意，譬如狗或猫是否有血统证明书？是否健康？如果买来不久就生病死亡该怎么办，等等。因此最好到值得信赖的宠物店购买，并且要多次确认没有问题再下手。

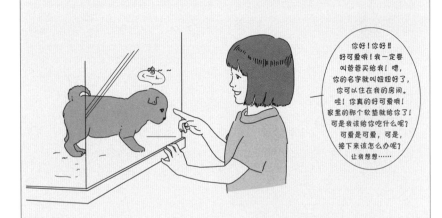

狗·猫
和
其他小动物

狗

饲养要诀

狗的性格温和、头脑灵活，如果以爱为出发点饲养它们，它们可以成为人类最好的朋友。由于它们有群体生活和认主人的习性，饲养者可以利用狗的这个习性，在它很小的时候就让它认得主人。

请多多指教!!

宠物店　　　　　附近邻居

如何取得

取得前

问问看附近邻居有没有刚出生的小狗愿意送人，或是向值得信赖的宠物店购买。如果是邻居的小狗，可以观察它父母的脾性。大部分的小狗在性格上都会和父母很相像。

选择有活力的小狗

出生后 7 ~ 10 周的幼犬，如果很好饲养，将来就容易驯服。选的时候不要着急，仔细检查它的眼睛、耳朵、肛门等全身部位，好好挑一只健康有活力的。

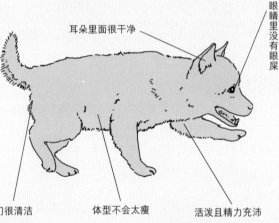

耳朵里面很干净

眼睛里没有眼屎

肛门很清洁

体型不会太瘦

活泼且精力充沛

伸出手和它玩一玩，如果活泼、反应快，表示活力十足。但如果多逗弄一下就想咬人，这种狗最好敬而远之。

狗的品种

不同品种的狗，体型大小不同。选择之前要先考虑，准备将它养在室外还是室内？由谁来照顾？有能力照顾吗？家庭的状况是否适合养狗，等等。

大型犬

黄金猎犬
肩高54～62厘米

西伯利亚哈士奇
肩高51～60厘米

中型犬

柴犬
肩高36～41厘米

喜乐蒂牧羊犬
肩高33～44厘米

玛尔济斯
肩高20～25厘米

小型犬

约克夏
肩高20～23厘米

迷你腊肠狗
肩高21～27厘米

饲养必备用具

项圈

有皮制的、尼龙制的、铁制链条式的等。

胸背带

绳带套在狗的胸部和腿的根部，力量较分散，不会只勒住脖子。

牵绳

胸背带

牵绳

有 2 米皮制的，非常坚固耐用。也有的可以放长到 5 米。

可以伸缩的牵绳

人造骨头

喜欢咬东西是狗的本能。不妨偶尔让狗咬一下牛皮做的人造骨头（牛皮骨）。

小球等玩具

小球或其他玩具在宠物店都可以买到。多让小狗玩耍，可以纾解它的压力。

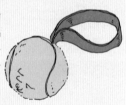

齿梳和刷子

常常帮狗梳毛，可以帮助它的血液循环，并预防皮肤病。此外，这也是很好的感情交流方式。

狗便清除器

可随时随地清除狗的粪便，方便又卫生。

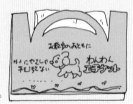

名册登录与狂犬病疫苗注射

狗狗出生日起 4 个月之内，要带狗狗到动物医院
植入芯片，并办理登记手续。登记后狗狗不但有
自己的编号，还可佩戴专属的颈牌，这样它就有
正式的官方身份证明了。

一般年龄大于 6 周的狗狗，若健康
检查一切正常，就可以请兽医师为
它注射预防针。每年定期帮狗狗注
射预防疫苗，可以确保它的健康！

居住处所

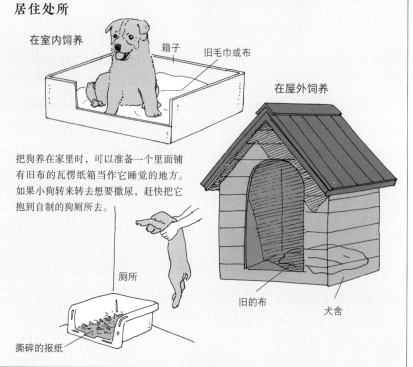

在室内饲养

箱子　旧毛巾或布

在屋外饲养

把狗养在家里时，可以准备一个里面铺
有旧布的瓦楞纸箱当作它睡觉的地方。
如果小狗转来转去想要撒尿，赶快把它
抱到自制的狗厕所去。

厕所

旧的布

犬舍

撕碎的报纸

喂食

幼犬每日喂食 3 ~ 4 次，成犬每日喂食 1 ~ 2 次。狗食最好放在稳固的容器里，每次喂食前记得把容器洗干净。此外，饮水须每天更换。

幼犬每日 3 ~ 4 次

成犬每日 1 ~ 2 次

饲料

水

狗食

罐头

零食

基本上以狗食为主

狗食中有的做成饼干形状，也有的以罐头包装。使用对象分为幼犬、成犬、妊娠犬、高龄犬等，营养成分各有不同。基本上最好以狗食为主，偶尔可搭配烹煮的肉类和蔬菜，但尽量避免直接喂餐桌上的食物。

洋葱

盐分高、辛香料强的食物

这些东西不要喂

洋葱容易引起中毒，不要喂含有洋葱的食物。此外，辛香料、盐分高的人吃的食物也不要喂给狗吃。

运动

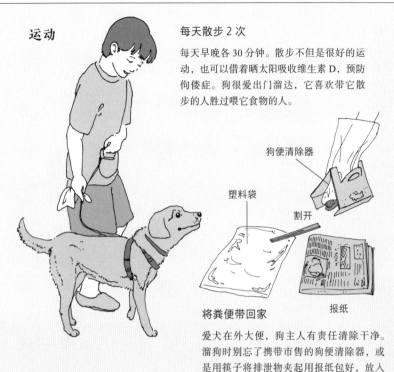

每天散步 2 次

每天早晚各 30 分钟。散步不但是很好的运动，也可以借着晒太阳吸收维生素 D，预防佝偻症。狗很爱出门溜达，它喜欢带它散步的人胜过喂它食物的人。

狗便清除器

塑料袋

割开

报纸

将粪便带回家

爱犬在外大便，狗主人有责任清除干净。溜狗时别忘了携带市售的狗便清除器，或是用筷子将排泄物夹起用报纸包好，放入塑料袋里带回家。

散步时的训练课程

带狗散步时，如果一味顺着它的意愿而被拖着走，它会越来越不听使唤。身为主人，可以借着散步训练狗听从命令。

喂！

当狗绷紧了牵绳，拼命冲向它自己想去的地方时……

好乖～好乖！

用牵绳示意它跟着往旁边走，乖乖顺从，就给予赞美。

将牵绳从后方拉紧，并大声呵斥。

基本训练课程

当你接受了一只狗进入你的生活圈，一定要在它出生后 3 个月左右，就开始好好"教育"它。一旦教会了，聪明的狗是不会忘记的。想办法摸清楚狗的习性，有耐性地反复教导是很重要的。

狗喜欢结为群体

狗是一种群居动物，有所谓的上下关系，饲主一定要让它认清主人是在上位的。

下

何谓权势症候群？

如果对狗过分纵容娇宠，它会认为自己比主人还大，变得不听主人的话，这就是狗的"权势症候群"。一旦狗养成这种恶习，是很难纠正的。

让狗认清饲主位居上位

在狗还小的时候，就要教育它主人是上位者。

让狗仰躺着，用手摸它的肚子 30 秒，暂时限制它的自由。这样的姿势在狗的社会中表示顺从的意思。

也可以在小狗处在舒适状态时，刻意训练它服从的习惯，十分有效果。

训练的秘诀

小狗不乖的时候，当场就要斥责。如果等到事后才责骂，它会不知道为什么。当它的情绪渐渐平稳下来后，可以好好地赞美它一番，但不要用食物奖励它。

责骂时看着它的眼睛

骂狗的时候要严肃、不带感情。看着狗的眼睛，语气强烈一点。责备的用词最好要固定，例如"不可以！""乖一点！""听话！"，不要经常变换用词。

夸奖

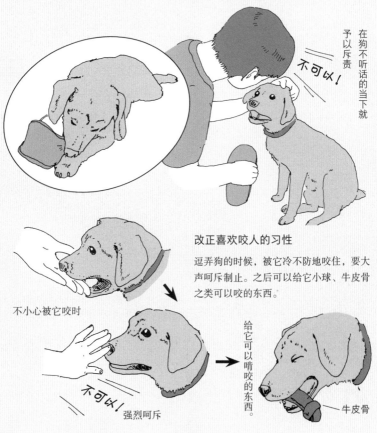

不可以！

在狗不听话的当下就予以斥责

改正喜欢咬人的习性

逗弄狗的时候，被它冷不防地咬住，要大声呵斥制止。之后可以给它小球、牛皮骨之类可以咬的东西。

不小心被它咬时

不可以！
强烈呵斥

给它可以啃咬的东西。

牛皮骨

如何教狗坐下

让狗顺服地坐下，是基本训练课程。首先让狗的情绪安定下来，将牵绳轻轻向上提拉，同时用手将狗的臀部向下按压。完成这个动作，别忘了给予赞美。

饮食训练

有时候刚刚把狗食放在容器里，但还没完全准备好，狗就急着要吃，是非常烦人的事，因此教它正确的用餐礼仪是很重要的。

在放下已盛了食物的容器之前，先命令狗坐下。

先发出"等一下！"的命令，再放下食物。如果它迫不及待想吃，继续用"等一下！"的命令禁止，同时捂住食物。

当狗确实能做到时，再发出"开始！"的命令准许它用餐。

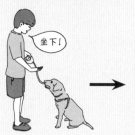

命令狗坐下。

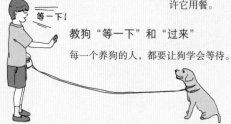

教狗"等一下"和"过来"

每一个养狗的人，都要让狗学会等待。

一边发出"等一下！"的命令，一边用手制止，并让狗向后退。如果它能够一动也不动地坐下，就给予赞美。

学会了"等一下"之后，再发出"过来！"的命令，让它靠来。如果做到，即给予鼓励。

让狗习惯与人接触

如果家里的狗性格比较神经质，从小就要让它多多接触附近的邻居或熟悉的友人。

没事！

如果家里有婴幼儿，而狗又养在室内，一开始可以抱着孩子给狗看看，但如果它想接近或吠叫，轻轻对它说"不可以！"。反复几次之后，它便会慢慢明了小宝宝是不可以靠近的。

叭嗯~

教狗不胡乱吠叫

狗经常会在主人准备外出或是它想要出去溜达时叫个不停。身为狗主人，一定要改掉狗的这个坏习惯。

汪！

外出时，即使狗在后面叫个不停，也不要予以理会。如果此时停下脚步，甚至改变主意不出门，都会让狗以为只要吠叫，任何事都可以得逞，而养成以吠叫来表达情绪的坏习惯。

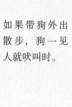

如果带狗外出散步，狗一见人就吠叫时。

汪！汪！

→

不可以！

一边注视着狗的眼睛，一边喝斥"不可以！"。

健康与疾病

与预定的兽医师见面

在狗还小的时候，就带它去见值得信赖、未来生病时会为它治疗的兽医师，如此，当有一天真的生病需要就医时，才不会因陌生而惊慌、排斥。因为，即使非常年幼的狗，也会明白看病是怎么一回事，就诊时会一直想闪躲。

检查粪便、吞饮打虫药

如果狗的体内有寄生虫，会妨碍它的发育。可以将狗的粪便带到动物医院进行检查，若有寄生虫，可以请兽医师开药治疗。

塑料袋

粪便

带狗去医院时

如果是小型犬或中型犬，可将它放入市售的宠物专用笼，直接带到医院，到了诊察台才将它抱出来。如果是大型犬，就直接牵着走。需要注意的是，一定要为爱犬系上牵绳，以免途中与其他的猫、狗发生冲突。

市售的宠物专用笼

每天检查身体状况

维护爱狗的健康是主人的责任。每天都要仔细看看它的眼睛分泌物是否过多，嘴巴是否会发出不正常的臭味，鼻子是否有流鼻水的现象，食欲好不好，等等。

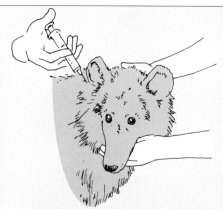

定期预防注射

犬瘟热、犬细小病毒性肠炎都是狗经常会出现的疾病，按时接受预防注射较为安心。注射的疫苗有三合一式、六合一式、八合一式，即注射1次可预防多种疾病，接种前可与兽医师讨论。

身上有跳蚤时

有时候狗到沙堆里玩过以后，身上会附着跳蚤，导致全身发痒，严重时甚至引发过敏，造成脱毛。此时可以在它舔不到的颈部和肩部，洒上杀灭跳蚤的药水，但治疗前应与兽医师讨论。

吞服淋巴性丝虫病预防药

淋巴性丝虫病是以蚊子为媒介的线虫所引起的疾病，目前有每月吃1粒即可预防的药剂。可请兽医师检验，发现爱犬血液中有丝虫幼虫时，就开药治疗。

喂狗吃药的方法

药粉或药片可以直接混入狗食，十分方便。但如果狗只把食物吃完，留下药片，可以扳开它的嘴巴将药片放在舌头根部，再用双手将嘴巴闭合使其顺利吞咽。

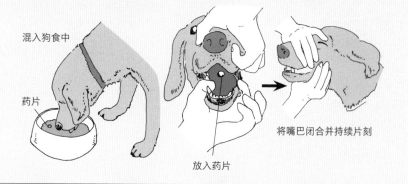

混入狗食中

药片

放入药片

将嘴巴闭合并持续片刻

日常照顾

狗虽然很喜欢和主人有肢体的接触，但是像洗澡、刷牙等，如果不从它小的时候养成习惯，长大以后就会排斥。

使用儿童专用牙刷

刷牙

可以用套在手指上的牙刷或儿童专用牙刷，从小就让爱犬养成每天刷1次牙的习惯，这样到老的时候，牙齿才能保持强健。

梳毛

经常帮狗梳毛可以使它的毛质更好，并可预防皮肤病。梳的时候要顺着狗的毛流。

给狗洗澡的方法

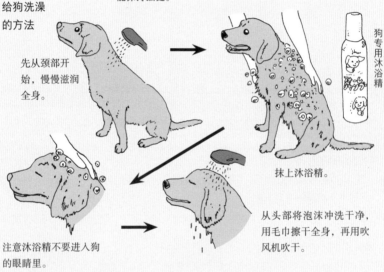

先从颈部开始，慢慢滋润全身。

狗专用沐浴精

抹上沐浴精。

从头部将泡沫冲洗干净，用毛巾擦干全身，再用吹风机吹干。

注意沐浴精不要进入狗的眼睛里。

剪趾甲

很少到室外的狗，趾甲长得特别快。可以到宠物店购买专用趾甲刀，当狗的趾甲长到看起来透明时，就该为它剪掉没有血管的部分。此外，如果修剪以后有较尖锐的棱角，可以用锉刀修磨。

血管   剪除

锉刀

繁殖

母狗大致上在春季和秋季进入发情期，而公狗受到母狗发情的刺激也会发情。如果计划让狗繁殖，可以回到当初购买的宠物店，请店家协助配对。

母狗每胎大约生产1～6只小狗，基本上狗妈妈会自行生产并照顾子代。如果有任何问题，可以请教兽医师。

妊娠期大约2个月

母狗的妊娠期大约2个月。此时期须将狗安置在安静的场所，并准备生产用的纸箱。生活和过去大致相同，还是可以出去散步，但要喂它妊娠犬专用营养配方的狗食。接近预产期时，要特别注意它的动态。

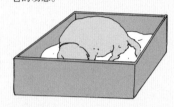

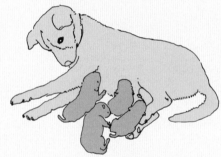

刚出生

出生后2周

幼犬专用狗食

出生后4～6周，断奶

幼犬大约1年可以长大为成犬

小狗刚出生时眼睛看不见，耳朵也听不见。母狗生产不久后即可开始照顾小狗。小狗吸母亲的奶成长，出生后的第2周，眼睛慢慢可以看见了；4～6周后可以断母奶，开始喝幼犬专用的人工乳品和狗食。大约1年后可以长大为成犬。

人工乳

猫

饲养要诀

猫十分聪明灵活，很喜欢玩耍，是一种即使被人类饲养，仍然存留着野性的动物。猫和习惯结为群体社会的狗不同，它们喜欢单独生活，如果能从刚出生就开始饲养，才比较有可能与它建立亲密的关系。

毛色有光泽

肛门很清洁

耳朵里面很干净

眼睛明亮有神

活泼且精力充沛

体型不会太瘦

如何取得

取得前

问问看附近邻居有没有刚出生的小猫愿意送人，或是向值得信赖的宠物店购买。如果是邻居的小猫，可以就近观察它父母的脾性。大部分的小猫，在性格上都会和父母很相像。

选择有活力的小猫

出生后 2 ～ 3 个月的幼猫，如果很好养的话，将来就容易驯服。选的时候不要着急，仔细检查它的眼睛、耳朵、肛门等身体各部位，挑一只健康有活力的。如果逗弄它时总是冷漠、闪躲，可能性格比较神经质，最好避免选择这样的猫。

猫的种类

猫分为纯种猫和混血（杂种）猫，以毛的长短来分，有短毛猫和长毛猫。长毛猫在照顾上比较费心，这是需要考虑的地方。

短毛猫

美国短毛猫

特征是腹部有漩涡状的条纹，较喜欢亲近人。

日本猫

很早以前即生活于日本的杂种猫。

阿比西尼亚猫

尾巴很长，身型修长，动作极具魅力。

长毛猫

波斯猫

一直是极受欢迎的高人气品种，毛色有黑色、白色、混色等多种。

喜马拉雅猫

体型和波斯猫很相似。鼻尖、耳朵、脚尖毛色较深为其特征。

缅因猫

生活于美洲的猫，性格十分温和。

饲养必备用具

猫砂盆和猫砂

猫砂盆是给猫排泄用的，大小要足以让猫在里面可以转身。猫砂有碎石子混合材质的，也有纸制的等多种。另外还有用来清除污脏猫砂的铲子。

胸背带和牵绳

如果一直将猫关在室内，会因运动量不足而生病。要经常带猫出去散步，并在出门前给它系上胸背带和牵绳。

猫砂

排泄盆

猫砂清除铲

胸背带

牵绳

磨爪器

猫有磨爪子的本能，为了不使它在家具、门框或柱子上磨爪子，可以准备一个磨爪器。

项圈

猫的项圈不是用来控制行动，只是让人分辨它是只有人饲养的家猫。购买时可以选择挂有坠饰并且不要太紧的项圈。如果可以伸缩是最理想的。

玩具老鼠

小球

玩具

猫无论长到多大都很喜欢玩玩具，不妨给它小球或是玩具老鼠，也可以拿着逗猫棒和它一起玩。

逗猫棒

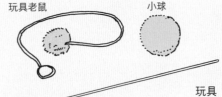

梳子和刷子

基本上猫自己用舌头将毛舔顺，但是长毛猫的毛很容易打结，必须经常以刷子或齿缝较密的梳子为它理毛。

梳子

刷子

喂食

幼猫每日喂食 3 ~ 4 次，成猫每日喂食 2 次。吃剩的食物务必立刻处理，以免有碍卫生。猫食最好放在稳固的容器里，饮水也要每天更换。

猫食

稳固的容器

饮水

猫食

罐头

猫专用人工乳

基本上以猫食为主

猫食中有的做成饼干形状，也有的以罐头包装。使用对象分为幼猫、成猫、妊娠猫、高龄猫等，营养成分各有不同。基本上最好以猫食为主，为了不使它感到厌腻，偶尔可搭配烹煮的鱼和肉，也可以添加猫专用的人工乳。

这些东西不要喂

洋葱和贝类容易引起中毒，最好避免。此外，辛香料、盐分高的人吃的食物也不要喂给猫吃。

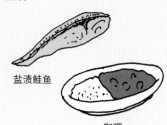

盐渍鲑鱼

咖哩

居住处所

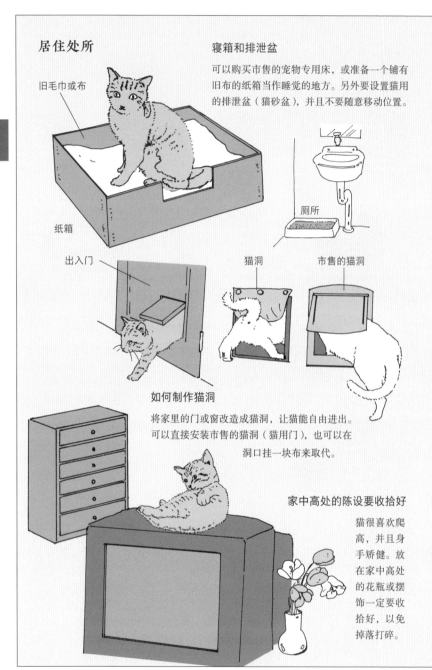

旧毛巾或布

纸箱

出入门

寝箱和排泄盆

可以购买市售的宠物专用床，或准备一个铺有旧布的纸箱当作睡觉的地方。另外要设置猫用的排泄盆（猫砂盆），并且不要随意移动位置。

厕所

猫洞

市售的猫洞

如何制作猫洞

将家里的门或窗改造成猫洞，让猫能自由进出。可以直接安装市售的猫洞（猫用门），也可以在洞口挂一块布来取代。

家中高处的陈设要收拾好

猫很喜欢爬高，并且身手矫健。放在家中高处的花瓶或摆饰一定要收拾好，以免掉落打碎。

运动

带猫去散步

虽然猫会爬上爬下，但饲养在室内的猫难免运动量不足，最好经常带它出去散散步。出门前给它系上胸背带，以免不受控制。猫和狗不同，它不会乖乖按着主人的意思溜达，不妨带它到固定场所，例如公园里，让它玩一玩。

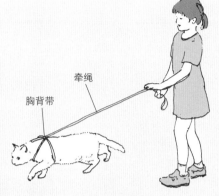

牵绳

胸背带

给爱猫室内游戏玩具

长大后的猫还是很喜欢玩，可以给它小球或玩具老鼠，以消除因运动不足产生的压力。

球等玩具

陪猫一起玩

如果猫不肯独自玩，可以借着辅助工具陪它一起玩，例如拿着逗猫棒或绳子逗弄，是所有猫都喜欢的游戏。

逗猫棒

绳子

以家具当掩蔽物，伸出手摆动绳子逗弄它。　　　猫会想尽办法抓住绳子。

基本训练课程

有人说猫和狗不同，它不会听主人的话，这是错误的观念。猫是一种很聪明的动物，但是要从小就好好教它，否则长大后确实不易驯服。

一手支撑住猫的臀部，另一手环住它的身体

让猫舒服地趴在腿上

猫喜欢单独生活

猫基本上不会结为群体社会，它们喜欢独自生活，不像狗一样与人类之间有上下主从的关系。猫不会视主人为领导者，它会将主人当作关系亲密的同居人。

抱猫的方法

猫的本性并不喜欢被人抱着，但如果从小就经常抱着它，长大就不会那么排斥。因此，主人学会如何把猫抱得安稳舒适是很重要的。

训练的秘诀

猫调皮捣蛋、为所欲为时，要当场斥责。等到事后才责骂，它会不知道为什么。责备时不要留情，最好用坚定的口吻发出"不可以！"的命令。用喷筒朝脸上喷水也有制止效果。

在猫调皮的时候就予以呵斥

喷筒

不可以！

大小便训练

小猫最先要开始教的就是到固定的地方上厕所。只要反复训练，让它记住了，就再也不会忘。

市售的猫砂

铺上3~4厘米厚的猫砂

撕碎的报纸

被排泄物弄脏的猫砂

猫砂清除铲

排泄盆和猫砂

在排泄盆里铺上3~4厘米厚的猫砂（也可以用撕碎的报纸取代）。要注意的是，如果猫砂脏污了，猫就会变得不喜欢再到那里排泄，所以一定要勤于清理。

如何教猫上厕所

如果一开始猫不会到固定的地方排泄，千万不要责备它。只要耐住性子反复教，它一定可以学会。

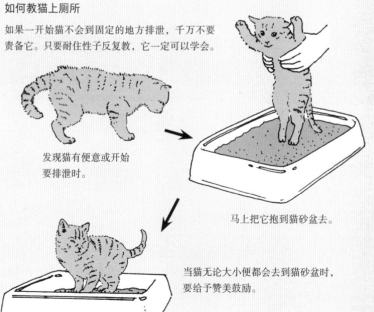

发现猫有便意或开始要排泄时。

马上把它抱到猫砂盆去。

当猫无论大小便都会去到猫砂盆时，要给予赞美鼓励。

当猫开始在家具上面
磨爪子时。

磨爪的训练

猫有将爪子磨尖的习性，当它想要划定势力范围时也会磨爪子。因为猫会到处找地方磨爪子，所以一定要严格地训练它，以免家具遭到破坏。可以选购市售的磨爪器让它在固定的地方磨爪。

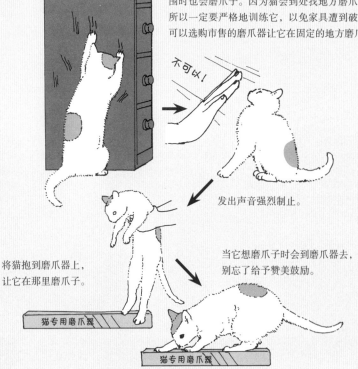

不可以！

发出声音强烈制止。

将猫抱到磨爪器上，让它在那里磨爪子。

当它想磨爪子时会到磨爪器去，别忘了给予赞美鼓励。

猫专用磨爪器

猫专用磨爪器

当公猫到处撒尿

成年公猫有以小便来划定势力范围的习性。由于猫尿的气味很强烈，如果它随意小便，是很令人无法忍受的。可以将它带到动物医院做去势手术，以抑制它到处撒尿。

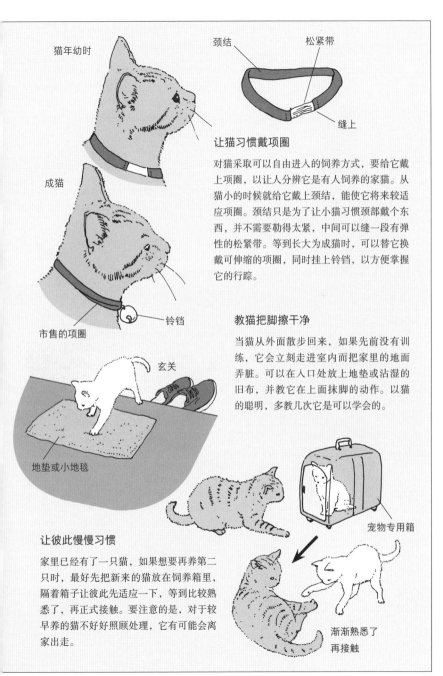

猫年幼时

颈结　松紧带

缝上

让猫习惯戴项圈

对猫采取可以自由进入的饲养方式，要给它戴上项圈，以让人分辨它是有人饲养的家猫。从猫小的时候就给它戴上颈结，能使它将来较适应项圈。颈结只是为了让小猫习惯颈部戴个东西，并不需要勒得太紧，中间可以缝一段有弹性的松紧带。等到长大为成猫时，可以替它换戴可伸缩的项圈，同时挂上铃铛，以方便掌握它的行踪。

成猫

铃铛

市售的项圈

教猫把脚擦干净

当猫从外面散步回来，如果先前没有训练，它会立刻走进室内而把家里的地面弄脏。可以在入口处放上地垫或沾湿的旧布，并教它在上面抹脚的动作。以猫的聪明，多教几次它是可以学会的。

玄关

地垫或小地毯

宠物专用箱

让彼此慢慢习惯

家里已经有了一只猫，如果想要再养第二只时，最好先把新来的猫放在饲养箱里，隔着箱子让彼此先适应一下，等到比较熟悉了，再正式接触。要注意的是，对于较早养的猫不好好照顾处理，它有可能会离家出走。

渐渐熟悉了
再接触

健康与疾病

与预定的兽医师见面

在猫还小的时候，就带它去见值得信赖、未来生病时会为它治疗的兽医师，如此，当有一天真的生病需要就医时，才会有安全感。猫对于自己熟悉的兽医师，比较不会表现出焦躁。

检查粪便、吞饮打虫药

猫的体内有寄生虫时，会妨碍它的发育。将猫的粪便带到动物医院进行检查，若有寄生虫可以请兽医师开药治疗。

塑料袋

粪便

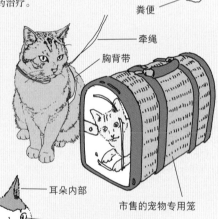

牵绳

胸背带

市售的宠物专用笼

带猫去医院时

可以给猫戴上胸背带，抱在手上，或是将它放入市售的宠物专用笼，直接带到医院。注意不要让它受到其他猫或狗的搅扰。

耳朵内部

眼睛

嘴巴

肛门

每天检查身体状况

维护爱猫的身体健康是主人的责任。每天都要仔细看看它的眼睛分泌物是否过多，嘴巴是否会发出不正常的臭味，鼻子是否有流鼻水的现象，食欲好不好，等等。

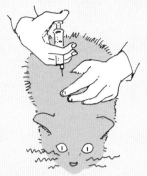

定期预防注射

猫有时候会得传染病，刚出生的小猫会从母体得到免疫的抗体，但出生后 2 ~ 3 个月抗体会消失，此时必须施打预防针。施打前可与兽医师讨论。

药水

身上有跳蚤时

有时候猫在榻榻米上或沙堆里玩过以后，身上会附着跳蚤，导致全身发痒，严重时甚至引发过敏，造成脱毛。此时可以在它舔不到的颈部和肩部，洒上杀灭跳蚤的药水，但治疗前应与兽医师讨论。

喂猫吃药的方法

最简单的方法就是将药粉或药片直接混入猫食。但如果猫会闪开药片，只吃猫食，可以扳开它的嘴巴，将药片放在舌头根部，再用双手使其闭合，就可以顺利吞咽了。

混入猫食中

放入药片

将嘴巴闭合
并持续片刻

市售的猫草

喂食猫草

猫会用舌头舔干净身上的毛，但也往往把许多毛吃下肚里。让它吃些草可以帮助刺激肠道，把毛吐出来。如果不将胃里的毛吐干净，会导致消化不良。为了解决这个问题，也可以购买市面上的猫草喂食。

日常照顾

猫长大以后才开始帮它洗澡和梳毛，它会很排斥，所以要从小就养成习惯。经常帮猫梳毛可以使它的毛质更好，并可预防皮肤病。

将梳子和跳蚤一起浸到水里

水

刷毛

用刷子和齿缝较密的梳子顺着毛流梳理，也可以同时帮它清除跳蚤。梳毛后先将梳子浸水杀死跳蚤。

齿缝较密的梳子

猫专用沐浴精

给猫洗澡的方法

首先从颈部开始打湿，然后抹上猫专用沐浴精。

将全身都打出泡泡，然后用清水冲洗干净。

头部用略湿的毛巾擦拭。

最后用干毛巾擦拭。

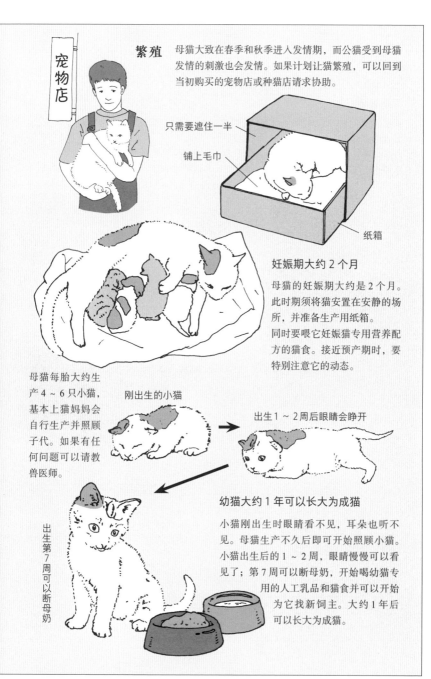

繁殖 母猫大致在春季和秋季进入发情期，而公猫受到母猫发情的刺激也会发情。如果计划让猫繁殖，可以回到当初购买的宠物店或种猫店请求协助。

宠物店

只需要遮住一半

铺上毛巾

纸箱

妊娠期大约 2 个月

母猫的妊娠期大约是 2 个月。此时期须将猫安置在安静的场所，并准备生产用纸箱。同时要喂它妊娠猫专用营养配方的猫食。接近预产期时，要特别注意它的动态。

母猫每胎大约生产 4～6 只小猫，基本上猫妈妈会自行生产并照顾子代。如果有任何问题可以请教兽医师。

刚出生的小猫

出生 1～2 周后眼睛会睁开

幼猫大约 1 年可以长大为成猫

小猫刚出生时眼睛看不见，耳朵也听不见。母猫生产不久后即可开始照顾小猫。小猫出生后的 1～2 周，眼睛慢慢可以看见了；第 7 周可以断母奶，开始喝幼猫专用的人工乳品和猫食并可以开始为它找新饲主。大约 1 年后可以长大为成猫。

出生第 7 周可以断母奶

兔子

饲养要诀

兔子对湿气和暑气的抵抗力较差，梅雨季和夏季要特别注意。要经常为它打扫饲养笼。如果让它从笼子里出来玩的时候，要紧闭家里的门窗，以避免它趁机跑出去。

如何取得

取得前

可以到对兔子的生活习性很了解、值得信赖的宠物店购买，或是问问饲养兔子的朋友，是否有刚出生的兔子可以送养。

选择有活力的兔子

出生后 1 个月左右、已断奶的幼兔是最好饲养的。仔细检查眼睛、耳朵、肛门等全身各部位，选择一只健康有活力的幼兔。

兔子可以同时养好几只，但是雄兔之间很容易竞争、打斗。如果将雌兔和雄兔养在一起，则很容易生出小兔子，这是需要考虑的地方。

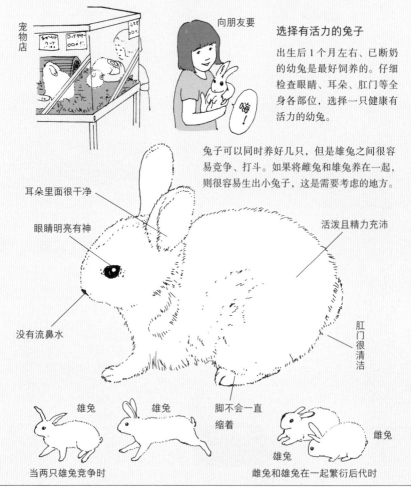

宠物店

向朋友要

耳朵里面很干净

眼睛明亮有神

没有流鼻水

活泼且精力充沛

肛门很清洁

脚不会一直缩着

雄兔　雄兔

当两只雄兔竞争时

雌兔

雄兔

雌兔和雄兔在一起繁衍后代时

兔子的种类

在宠物店购买的兔子都是将野兔经过家畜化的。

荷兰侏儒兔

体型较小，毛的颜色有许多种。

垂耳兔

特征是耳朵下垂。

喜马拉雅兔

鼻尖、耳朵、尾巴、足尖为黑色或褐色。

安哥拉兔

特征是有轻盈而柔软的毛。

饲养必备用具

排泄盆和排泄砂

选用出入口较低的排泄盆，进出比较方便。排泄砂可以使用猫咪专用的，此外还要准备一支清除秽物的铲子。

排泄砂

排泄物清除铲

出入口低

排泄砂

胸背带和牵绳

带兔子出门散步，要给它系上胸背带和牵绳。

牵绳

胸背带

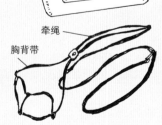

刷子

每天帮兔子刷毛，可以使它的毛更有光泽。

稳固的容器

兔子饲料

市售的干草

兔子饼干

喂食

以兔子饲料为主，搭配市售的干草，以及卷心菜、胡萝卜等蔬菜，每天喂食 2 次。饲料要放在稳固的容器中，饮水也要每天更换。如果只给兔子吃软的饲料，无法让它磨牙，牙齿会长得较快，偶尔可喂食木本植物的果实或小枝子，或另添加兔子专用的饼干、小点心。

水

卷心菜

胡萝卜

野花、野草

也可以采摘庭院里、花园中或空地上的野花、野草，磨碎后当作兔子的食物，例如车前草、蒲公英、白诘草、荠菜等。

车前草　　　　蒲公英　　　　白花车轴草　　　　荠菜

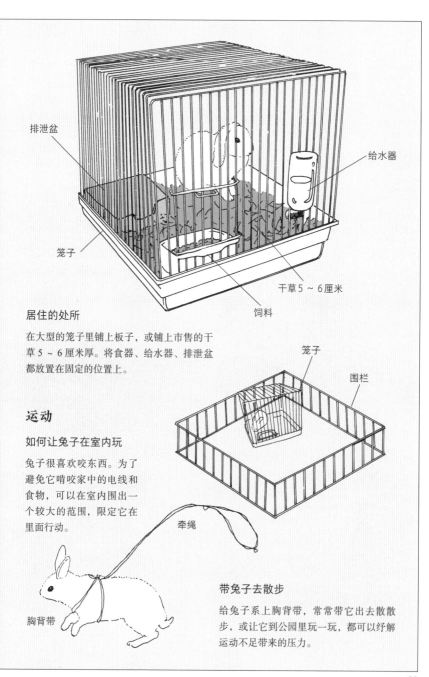

排泄盆

给水器

笼子

干草5～6厘米

饲料

居住的处所

在大型的笼子里铺上板子，或铺上市售的干草5～6厘米厚。将食器、给水器、排泄盆都放置在固定的位置上。

笼子

围栏

运动

如何让兔子在室内玩

兔子很喜欢咬东西。为了避免它啃咬家中的电线和食物，可以在室内围出一个较大的范围，限定它在里面行动。

牵绳

胸背带

带兔子去散步

给兔子系上胸背带，常常带它出去散散步，或让它到公园里玩一玩，都可以纾解运动不足带来的压力。

基本训练课程

虽然兔子和狗或猫不同，不需要什么特殊的训练，但仍然要从它小的时候就教导一些生活习惯。

排泄砂 3 ~ 4 厘米

排泄砂

排泄盆和排泄砂

在排泄盆里放入 3 ~ 4 厘米厚的砂（用猫砂就可以了）。无论是大小便，只要排泄砂脏污了，就要立刻清除，以保持环境的卫生。

大小便训练

要非常有耐心地教，即使它无法很快学会，也不可放弃。

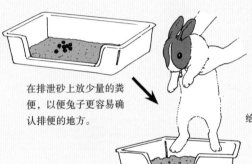

在排泄砂上放少量的粪便，以便兔子更容易确认排便的地方。

发现兔子有便意或开始要排泄时，马上把它抱到排泄盆去。

给它吃小点心

如果它学会了，就用小点心做为奖赏。

不要揪它的耳朵

啊！
讨厌啦！

抱兔子的方法

兔子的本性并不喜欢被人抱着，但如果从小就常常抱着它，长大就不会排斥主人。不可以直接揪着它的耳朵提起来。

一手托着它的背部

一手托着它的臀部

健康与疾病

牵绳

市售的宠物专用笼

与预定的兽医师见面

兔子还小的时候，就带它去见值得信赖的兽医师，等到真的生病需要治疗时，才会有安全感。带兔子去动物医院时，可以给它系上胸背带和牵绳直接抱去，也可以放在宠物专用笼里提去。

胸背带

眼睛

嘴巴

耳朵内部

肛门

每天检查身体状况

维护兔子的健康是主人的责任。每天都要仔细看看它的眼睛有没有过多的分泌物，嘴巴会不会发出臭味，是否有流鼻水的现象，食欲好不好，等等。

日常照顾

刷毛

用小动物专用的刷子，顺着毛流为兔子刷毛。

繁殖

兔子的妊娠期大约是1个月，每胎生产4～10只。如果可以找到新的饲主，才考虑让它生宝宝，否则最好避孕。小兔子大约4周可以断奶。

让彼此互看

雄兔和雌兔分别放在透明箱里，

把怀孕中的兔子放入生产箱，它会开始拔自己的毛筑巢。当兔子的预产期接近时，或刚生出小兔子时，不要经常去探看它。

等到双方比较熟悉了，再把它们移到同一个箱子里，准备繁殖。

松鼠（花栗鼠）

饲养要诀

松鼠很擅长爬树，经常上上下下，因此需要准备较大、较高的饲养笼。它的尾巴很容易折断，所以不要只抓它的尾巴。

宠物店

如何取得

取得前

可以到对松鼠的生活习性很了解、值得信赖的宠物店购买，或是向饲养松鼠的朋友问问看是否有刚出生的小松鼠。一般来说，初春出生的比较好养。

没有流鼻水

眼睛明亮有神

毛有光泽

我有小松鼠要送人。

尾巴没有断掉

体型不会太瘦

向朋友要

肛门很清洁

选择有活力的松鼠

出生后 2 个月左右、已断奶的幼鼠比较好养。仔细检查它的眼睛、耳朵、肛门等全身各部位，挑选一只活泼健康的小松鼠。

活泼且精力充沛

松鼠是一种在繁殖期以外都喜欢单独生活的动物，所以最好每次只养1只。

饲养必备用具

排泄盆

排泄盆和排泄砂

排泄盆要稍稍大一点、深一点，让松鼠可以整个身体都在里面。排泄砂可以直接用猫砂。

猫砂

排泄物清除铲

备用笼

打扫松鼠平日居住的饲养笼时，可以将它暂时移到备用笼。备用笼不需要太大。

喂食

稳固的容器

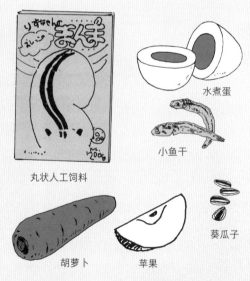

以松鼠专用的丸状人工饲料为主，搭配向日葵的种子，每天喂食2次。有时可以给它水煮蛋、小鱼干、胡萝卜等蔬菜，或苹果之类的水果。饲料要放在稳固的容器里，饮水也要天天更换。多给它吃些坚硬的食物，例如树枝，否则牙齿一下子就变长了。如果牙齿实在太长了，可以带到动物医院去修磨牙齿。

丸状人工饲料

水煮蛋

小鱼干

葵瓜子

胡萝卜

苹果

不要喂巧克力、洋葱，或是辛香料、盐分高的人吃的食物。

居住的处所

设置较高的笼子，底部先铺一层报纸，再放入有干草的市售巢箱、食器、排泄盆、给水器以及用来攀爬的树枝。

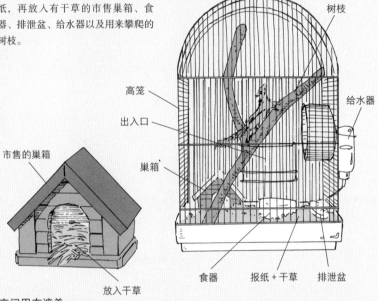

树枝

高笼

出入口

巢箱

给水器

市售的巢箱

放入干草

食器　　报纸＋干草　　排泄盆

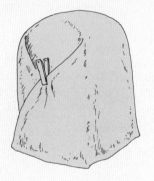

夜间用布遮盖

松鼠是一种习惯夜间活动的动物，为了使它的情绪安定，有正常的睡眠，夜晚将笼子用布盖住。

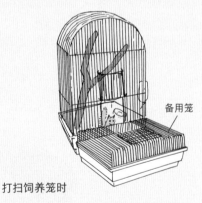

备用笼

打扫饲养笼时

为了环境的卫生，要时常打扫笼子。打扫前，先将备用笼的开口对准饲养笼的出入口，然后将松鼠赶到备用笼里。

88

基本训练课程

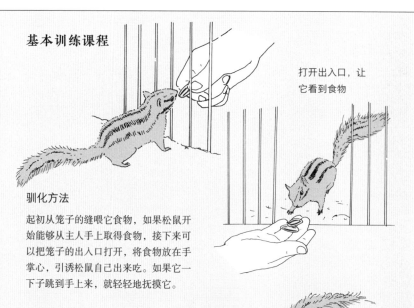

打开出入口，让它看到食物

驯化方法

起初从笼子的缝喂它食物，如果松鼠开始能够从主人手上取得食物，接下来可以把笼子的出入口打开，将食物放在手掌心，引诱松鼠自己出来吃。如果它一下子跳到手上来，就轻轻地抚摸它。

大小便训练

松鼠会在笼子里固定的地方大小便，观察后就把排泄盆放在该处，并在里面放入少许沾有排泄物气味的物品。

排泄盆

将排泄砂（猫砂）倒入排泄盆，同时放入少许沾有排泄物气味的物品

松鼠会咬人时

松鼠受到惊吓、害怕时会咬东西。在它还没有完全驯化前，照顾时可以戴着皮手套，以策安全。

皮手套

喀喀

89

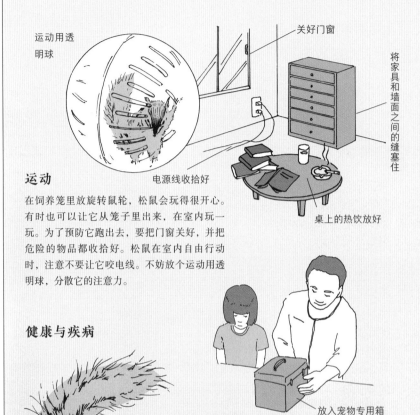

运动用透明球

关好门窗

将家具和墙面之间的缝塞住

运动

电源线收拾好

在饲养笼里放旋转鼠轮，松鼠会玩得很开心。有时也可以让它从笼子里出来，在室内玩一玩。为了预防它跑出去，要把门窗关好，并把危险的物品都收拾好。松鼠在室内自由行动时，注意不要让它咬电线。不妨放个运动用透明球，分散它的注意力。

桌上的热饮放好

健康与疾病

放入宠物专用箱

与预定的兽医师见面

平日就带松鼠去拜访兽医师，生病时它才有安全感，不会害怕。去动物医院时，可将松鼠放入宠物专用箱或备用笼里。

眼睛

每天检查身体状况

维护宠物的健康是主人的责任。每天检查一下松鼠的眼睛有没有过多的分泌物，食欲好不好，等等。

肛门

日常照顾

不要拉松鼠的尾巴

松鼠的尾巴很容易断，并且不会再生，千万不要只抓着它的尾巴用力拉扯。

做做日光浴

为了预防佝偻症，偶尔让松鼠做做日光浴。用布盖住笼子的一侧，让松鼠有遮阴的地方，然后将笼子移到窗边或屋外。

如何饲养尚未断奶的小松鼠

如果饲养的是尚未断奶的小松鼠，可以在笼子里多放些干草。除了丸状的人工饲料，还可以用开水将狗专用的人工乳稀释，把面包或蛋糕泡在里面喂食。

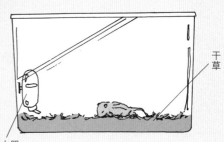

干草

给水器

DOG MILK

把面包泡在里面

用开水将狗专用的人工乳稀释

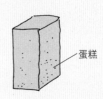

蛋糕

仓鼠

饲养要诀

仓鼠是一种很容易养的鼠类，可以把它放在塑料水槽里饲养，但由于水槽的通风性不佳，因此要常常打扫。仓鼠是夜行性动物，所以白天可以不必理会它。

宠物店

如何取得

取得前

可以到对仓鼠的习性很了解、值得信赖的宠物店购买，或是问问饲养仓鼠的朋友，是否有刚出生的仓鼠可以送人。

向朋友要

选择有活力的仓鼠

出生后3周左右、已断奶的幼鼠是最好养的。仔细检查它的眼睛、耳朵、肛门等全身各部位，选择一只健康有活力的仓鼠。

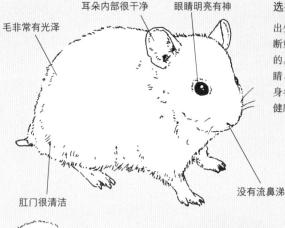

毛非常有光泽

耳朵内部很干净

眼睛明亮有神

肛门很清洁

没有流鼻涕

仓鼠很容易彼此发生冲突，最好每次只养1只。

仓鼠的种类

可概分为金色中仓鼠类与小型的多瓦夫仓鼠类，
各有好几个品种。

金色中仓鼠的同类

短毛

毛色、毛质有
许多种。

长毛

一种外来种仓鼠。毛色、毛质有
许多种。

多瓦夫仓鼠的同类

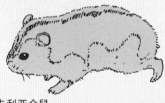

加卡利亚仓鼠

背部有一条黑色的纹路，
特征是足部里侧长着毛。

坎培尔仓鼠

也称为蒙古仓鼠或西伯利
亚仓鼠，比较容易惊慌。

罗伯罗夫斯基仓鼠

体型最小的仓鼠，
性格比较神经质。

饲养必备用具

猫砂

リス・ハムの
トイレ

排泄盆和排泄砂

排泄盆最好浅而
宽,使用起来比较
方便。排泄砂用猫
砂就可以了,还要
准备一支清除大小
便的铲子。

TOILET

排泄盆

排泄物清除铲

鼠车

鼠车

仓鼠很喜欢在鼠车上面玩。如果是体型较
小的多瓦夫仓鼠可以让它玩鼠车,而不要
给它玩阶梯玩具,以免夹伤足部。

梯子玩具

放入饲养箱里,可以让
仓鼠爬上爬下。

组合式迷宫

直
立
式
隧
道

刷子

仓鼠体型小,最好用小动物
专用刷或牙刷替它刷毛。

玩具

仓鼠有在地底下挖隧道筑巢的习惯,
可以在它的饲养箱里放组合式迷宫或
上面有开孔的直立式隧道。

小
动
物
专
用
刷

牙刷

喂食

以仓鼠饲料为主，可另外搭配向日葵种子、奶酪、卷心菜等，每天喂食1次。饲料要放在稳固的容器里，以免活动力强的仓鼠打翻。饮水也要每天更换，注意不要喂食巧克力，以及有过高盐分和辛香料的人吃的食物。

稳固的容器

向日葵种子

仓鼠饲料

奶酪

给水器

卷心菜

苹果

居住的处所

如果把小仓鼠养在笼子里，它的脚容易被夹住，所以最好用透明的塑料箱（水槽）来养。先在箱子的底部铺一层报纸，再铺上5~6厘米厚市售的干草，放入巢箱、食器、给水器，最后将排泄盆放在角落。

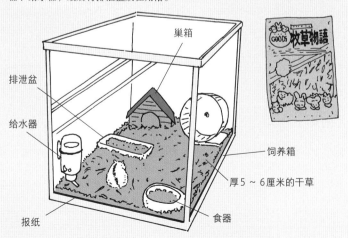

巢箱

排泄盆

给水器

饲养箱

厚5~6厘米的干草

报纸

食器

运动

让仓鼠离开饲养箱，在室内玩耍时，要将门窗关起来，以免它跑出去。特别注意不要让仓鼠啃咬电源线，家具与墙面之间的缝隙也要塞好，避免它躲在里面不出来。不妨准备一个运动用的透明球让它玩，以分散它的注意力。

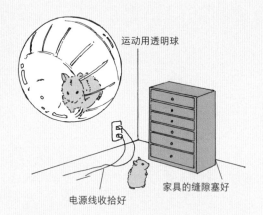

运动用透明球

电源线收拾好

家具的缝隙塞好

抱仓鼠的方法

一般来说，小巧的动物都十分灵活。不要站着抱仓鼠，否则摔落的话很容易受伤。盘腿坐下，用双手将它捧在手心里是最安全的，并且不要抓得太紧，以免让它感觉不舒服而逃跑。

耳朵内部

眼睛

嘴巴

肛门

食欲很好

健康与疾病

与预定的兽医师见面

平日就带仓鼠去拜访兽医师，生病时它才不会感到陌生而害怕。去动物医院时，可将仓鼠放入宠物专用箱。

每天检查身体状况

维护宠物的健康是主人的责任。每天检查一下仓鼠的眼睛有没有过多的分泌物，食欲好不好，等等。

日常照顾

刷毛

顺着仓鼠的毛流，用小动物专用刷或牙刷为它刷毛，不但可以使它的毛更有光泽，也可以促进皮肤的血液循环。

血管

指甲刀

牙刷

如何帮仓鼠剪趾甲

当仓鼠的趾甲太长时，要帮它修剪。可以直接用我们一般的指甲刀，小心不要剪到有血管通过的地方。

繁殖

仓鼠长大后不可以再全部关在一起养，而要一只一只分开。如果自己没有信心饲养刚出生的小仓鼠，就不要让雌鼠、雄鼠在一起繁殖。仓鼠的妊娠期大约是2周，每胎生产4～12只，小仓鼠大约3周可断奶。

将雌鼠、雄鼠分开饲养，先让它们隔着透明箱慢慢适应彼此。

将雌鼠移回原来的饲养箱，妊娠期间它会开始在巢箱中筑巢。接近雌鼠的预产期或是它正在生产时，不要一直靠近窥探。

经过一段时间，再将雌鼠、雄鼠放在一起。

土拨鼠

饲养要诀

土拨鼠又称为天竺鼠，是原产于南美洲的啮齿类动物。它的体内无法合成维生素 C，因此必须多喂含有大量维生素 C 的蔬果。

如何取得

取得前

可以到对土拨鼠的习性很了解，并且值得信赖的宠物店购买。

选择有活力的土拨鼠

生出后 2 ~ 3 周的土拨鼠较好饲养。购买前要仔细检查它的眼睛、耳朵、肛门等全身各部位，选择一只活泼、健康的。

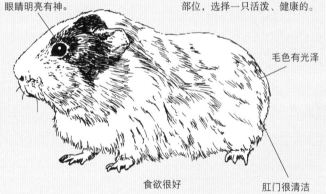

眼睛明亮有神。

毛色有光泽

食欲很好

肛门很清洁

打架争斗时

雄鼠

雄鼠

繁殖后代时

雄鼠

雌鼠

土拨鼠是一种喜欢群体生活的动物，但是雄鼠在一起经常会争斗，如果把雌鼠、雄鼠养在一起，又很容易大量繁殖，所以最好每次只养 1 只。

稳固的容器

喂食

以市售的土拨鼠饲料为主，可另外搭配卷心菜、白菜、胡萝卜等蔬菜，或是柑橘、苹果、奇异果等水果，偶尔还可以再加一些小鱼干或奶酪。土拨鼠的活动力很强，饲料最好放在稳固的陶制器皿中，饮用水也要每天更换。注意不要喂洋葱之类的刺激性食物，或是人吃的含有较多盐分辛香料的食物或零食。

土拨鼠饲料

给水器

小鱼干

卷心菜或白菜

柑橘

苹果

大饲养笼

给水器

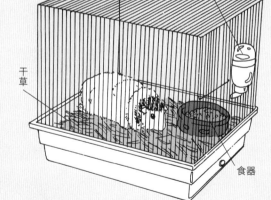

干草

食器

居住的处所

准备高度较高的笼子，而且要尽量大些。笼子底部铺上干草，并将食器和给水器放在固定的位置。虽然土拨鼠无法做大小便训练，但是为了让它尽量在同一个地方排泄，不妨在笼子里放个排泄盆。

夜晚用布遮盖

土拨鼠是夜行性动物，为了让它配合我们的作息，夜晚不要活动，能够安静地睡眠，可以在笼子外面罩上黑布。如果它的情绪不稳定，可以放个巢箱。

市售的巢箱

99

运动

有时让它在室内玩耍

为了避免运动量不足，有时可以让它从笼子里出来，在室内玩一玩。这时要将门窗都关起来，以免它跑出去，危险的物品也要收拾好。此外，土拨鼠有啃咬东西的习惯，家中的电源线要保护好。

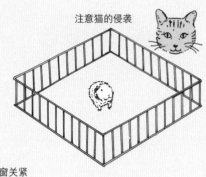

注意猫的侵袭

家中门窗关紧

观叶植物移到别处

电源线保护好

热饮不要放在桌上，烟灰缸收起来

放入宠物专用箱

每天检查身体状况

维护宠物的健康是主人的责任。每天检查一下土拨鼠的眼睛是否有过多的分泌物，食欲好不好，粪便是否过稀等。

健康与疾病

与预定的兽医师见面

平日就带饲养的土拨鼠去与兽医师见面，生病时它才不会感到陌生、害怕。去动物医院时，可将它放在宠物专用箱里。

毛的光泽

行动

食欲很好

粪便

日常照顾

抱土拨鼠的方法

土拨鼠是一种性格很温和的动物，抱的时候非常轻松。为了使它感到安心，可以坐在椅子上，这样比较稳定。

坐在椅子上，将土拨鼠放在膝上，用双手托住。

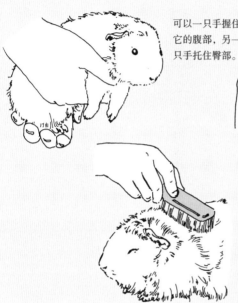

可以一只手握住它的腹部，另一只手托住臀部。

刷毛

为了预防皮肤病，每天都要帮土拨鼠刷毛。如果毛有打结或黏住的情形，先用手指轻轻剥开再刷。刷的时候要顺着它的毛流。

身体脏污时

如果土拨鼠身上有刷子刷不掉的脏污，可以用湿毛巾擦拭。为土拨鼠清洁身体，不需要用到沐浴精。

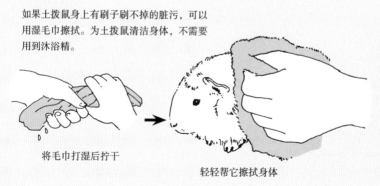

将毛巾打湿后拧干

轻轻帮它擦拭身体

乌龟

饲养要诀

尽量养在较大的水槽中，并时常做做日光浴。

如何取得

在宠物店或水族店买的大多是赤耳龟或草龟。购买时要选择不停游来游去、活动力强的。

※赤耳龟的幼龟也叫绿龟。

选择活泼、活动力强的。

饲养箱·饲料

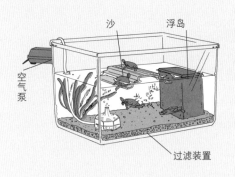

沙　　浮岛

空气泵

过滤装置

喂食

以配方饲料为主，偶尔可搭配生的肝脏或整只小鱼（淡水鱼）。

饲养幼龟时

在高 45 厘米以上的水槽中，放入五分满的水，并以砖块或石头当作陆地，也可以直接用市售的浮岛。如果觉得水槽太过单调，还可以放入岩石等装饰。

饲养成龟时

配方饲料

饲养体长 10 厘米以上的成龟时，饲养箱里的过滤器有可能被破坏，水草也一下子就死了。因为砂很快就会脏掉，所以只要把水放五分满，再放一块让它爬出水面的石头就可以了。

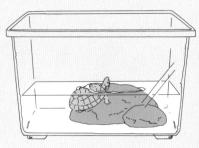

日常照顾

注意水位的高度

如果水槽里的水因蒸发导致水位过低，乌龟会无法上到陆地来。水位过低时，要记得加水。

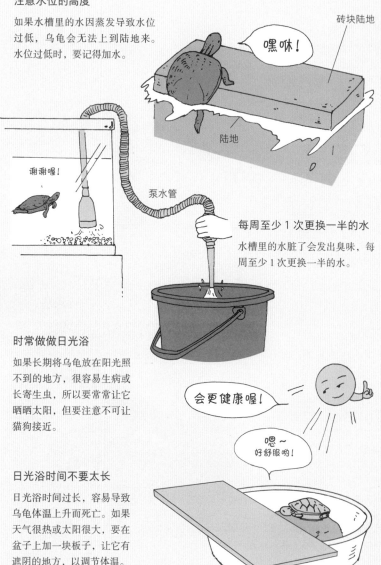

砖块陆地

嘿咻！

陆地

谢谢喔！

泵水管

每周至少 1 次更换一半的水

水槽里的水脏了会发出臭味，每周至少 1 次更换一半的水。

时常做做日光浴

如果长期将乌龟放在阳光照不到的地方，很容易生病或长寄生虫，所以要常常让它晒晒太阳，但要注意不可让猫狗接近。

会更健康喔！

嗯～好舒服哟！

日光浴时间不要太长

日光浴时间过长，容易导致乌龟体温上升而死亡。如果天气很热或太阳很大，要在盆子上加一块板子，让它有遮阴的地方，以调节体温。

蜥蜴・草蜥

饲养要诀

蜥蜴和草蜥都是肉食性动物，主要是吃活的东西，所以给它们食物时不需要切碎。此外，对于蜥蜴和草蜥来说，日光浴是不可或缺的。

如何取得

庭院里、公园中，或是小河边，经常可以发现它们的踪影，可以带着网子直接去采集。蜥蜴会自行断尾逃跑，捕捉时要特别注意。

饲养箱

需要养在 60 厘米以上的水槽里。先在水槽底部铺上一层沙，接着放置半个破掉的钵盆当作遮蔽所，然后将装水的容器、保温用的电灯都安置好（夜间电灯要关掉），也可以另外添加岩石、流木、观叶植物等，使环境更丰富。整个饲养箱要放在温暖的地方。

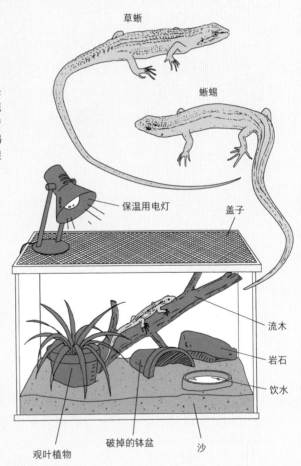

草蜥

蜥蜴

保温用电灯

盖子

流木

岩石

饮水

破掉的钵盆

沙

观叶植物

喂食

蜥蜴和草蜥只吃活的小生物，可以到水族店购买作为饲料的蟋蟀、面包虫，或是自己到野外采集。也可以喂它羽化的果蝇。

蟋蟀

果蝇

面包虫

可以将鸡肉或猪肉切成小块，用镊子夹着，轻轻点蜥蜴或草蜥的鼻尖，如果它有想吃的反应再喂它，十分有趣喔。

日常照顾

每天让它晒1小时左右的太阳。饲养箱上面盖着不透明的板子，效果比较不好，可以用金属网格，让太阳晒进饲养箱里。

金属网格

热带鱼用荧光灯

荧光灯管

如果不方便将水槽移到室外晒太阳，可以到水族店或热带鱼店购买荧光灯管，安装在热带鱼用的荧光灯上，一天照射10小时左右，效果和日光浴不相上下。

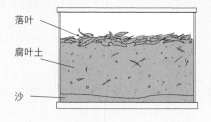

落叶

腐叶土

沙

帮蜥蜴和草蜥越冬

到了冬季，可以让蜥蜴和草蜥过冬。在水槽里放腐叶土和落叶，然后移到玄关气温较低的地方（约5～10度）。记得时常用喷筒在腐叶土上喷水。

蛙卵·蝌蚪

饲养要诀

饲养蛙卵和蝌蚪不是困难的事，但是一旦长成青蛙以后，因为它只吃活的小生物，所以会想要返回河川或池塘里。

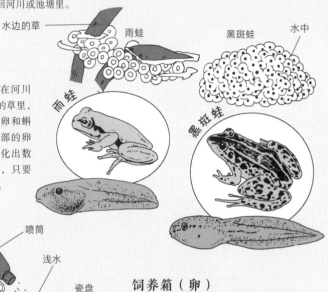

水边的草
雨蛙
黑斑蛙
水中

雨蛙

黑斑蛙

如何取得

春季到夏季，在河川或池塘等水边的草里，很容易找到蛙卵和蝌蚪。如果把全部的卵带回家，会孵化出数量太多的蝌蚪，只要带一部分即可。

喷筒
浅水
瓷盘

饲养箱（卵）

在瓷盘中放入浅浅的水，蛙卵连同草叶一起放入。如果水因蒸发而变少，要用喷筒喷水保持湿度。

空气泵

黑斑蛙

在水槽中注水，放入蛙卵，并用空气泵将空气送入水中。

空气石

饲养箱·饲料（蝌蚪）

当蛙卵孵化为蝌蚪，就要移入水槽饲养。蝌蚪一开始是吃植物，随着渐渐长大，会变成肉食性，可喂给它鱼和热带鱼的配方饲料。此外，槽里的水脏污混浊了就要换干净的。

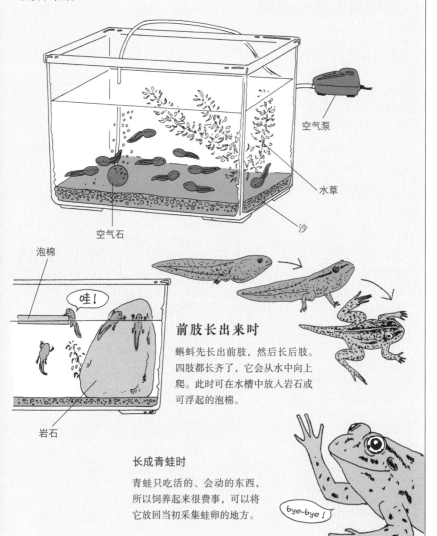

空气泵

水草

沙

空气石

泡棉

哇！

岩石

前肢长出来时

蝌蚪先长出前肢，然后长后肢。四肢都长齐了，它会从水中向上爬。此时可在水槽中放入岩石或可浮起的泡棉。

长成青蛙时

青蛙只吃活的、会动的东西，所以饲养起来很费事，可以将它放回当初采集蛙卵的地方。

bye-bye！

动物离家后会如何

有时候打扫饲养箱或是刚好一个不注意，家中饲养的小动物就一溜烟地跑掉了。有的则是饲主不想再继续养下去，或是对小动物厌腻了，会把它们丢弃在山里。最后，这些动物的命运多半不是饿死，就是在交通事故中遭到意外。

当然其中也有的能够侥幸存活下来，并找到异性伴侣，开始繁衍下一代。然而，像这种繁殖力超强的动物会打乱原本的生态系，对原来生存在那里的野生动物产生压迫。

例如在日本，野生化的浣熊以及对各地湖泊造成严重问题的黑巴斯鱼（大口鲈），都是原本不存在于日本的生物，而它们也是造成日本稀有动物灭绝的原因。

总之，饲养动物之前要慎重考虑，不要一时冲动，却没有负起照顾的责任，这样是会对自然环境带来很大威胁的。

我是北美浣熊，是从加拿大来的。

我是黑巴斯鱼。我的故乡好像是北美洲。

昆虫等

昆虫的采集

采集方式

采集地面上的昆虫

一手拿着捕虫网的竿子，另一手抓起网子不要垂下去，对准昆虫罩住。

捕虫网

采集草上的昆虫

在草的上方挥动捕虫网，使昆虫进入网内。

捕虫网

采集树叶上的昆虫

将捕虫网放在昆虫的下方，用棒子敲打叶子，使昆虫落入网中。

棒子

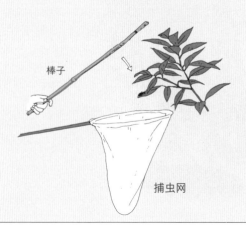

捕虫网

采集叶子上的小昆虫

用瓶盖将昆虫赶入瓶子里

盖子

空瓶

将卵或蛹连同枝叶一同采集

将附有卵或蛹的枝叶一起采集下来。
不要将枝叶折断，用浸湿的卫生纸
包住根部。

塑料容器

采集箱

浸湿的卫生纸

浸湿的卫生纸

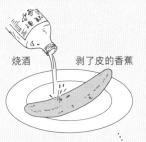

烧酒

剥了皮的香蕉

网子

自制树液吸引昆虫

将香蕉、菠萝切片并淋上烧酒，放置1
天以上，使其发酵。将发酵后的水果放
入网袋，挂在树上，会让昆虫以为它是
甜美的树液，而纷纷靠拢来。用这个方
法，可以很容易采集到锹形虫和独角仙。

111

行走在地面上的昆虫

将 2 个塑料瓶从中间切开，其中一个放入食物，第二个从后面套在一起。为了使昆虫方便进入，可在第二个瓶子里放些土。把整组瓶子放在泥土地上或草地上，很容易引诱昆虫进入。

塑料瓶

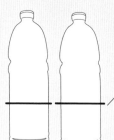

切开

套入

饲料

土

躲在水草里的水生昆虫

用网子从水草的根部连泥土一起舀起来，就可以采集到水生昆虫。

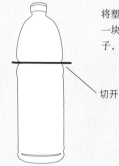

自制捕虫器

塑料瓶

将塑料瓶如左图切开，下半部的瓶身里放入食物和一块镇石，上半部的瓶口套入瓶身，再打洞穿上绳子，放入水中即可捕捉到水中生物。

切开

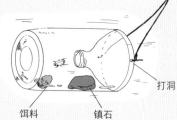

绳子

打洞

饵料

镇石

将昆虫带回家的方法

放入采集箱

将采集到的昆虫直接放入采集箱，里面同时放些草或叶子，让昆虫以为是可以掩蔽的地方。注意不要同时放入太多昆虫，以免互相打斗。

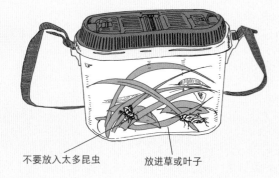

不要放入太多昆虫　　　放进草或叶子

打洞

底片盒

放入底片盒

较小的昆虫可以放入打了洞的底片盒里。

放入水桶

如果是采集到需要用鳃呼吸的昆虫，如水蚤，可以放在装有水和水草的桶子里。

水

水草

塑料袋　　　湿润的水草

呼吸空气的水生昆虫

田鳖等生活在水中的昆虫，也是要呼吸的。采集到它们以后，可以放在装了水或是只装有湿润水草的塑料袋里带回去。

饲养昆虫的基本知识

营造和原始栖息地相近的环境

当我们将昆虫从大自然采集回来，饲养在家里时，最好营造出一个尽量与它原来生活的场所相近的环境，这也是饲养昆虫最基本的守则。此外，饲养前一定要了解昆虫的相关生态知识。

饲料要每天更换

经常有人开始饲养昆虫时兴致勃勃，渐渐失去新鲜感以后就意兴阑珊。饲养箱的环境恶化始于饲料，如果腐败的食物不清除，会长出霉菌，因此要每天更换饲料。

腐败的饲料要
立刻更换。

要经常换水

饲养水生昆虫要特别注重水质的管理。吃剩的食物和昆虫排出的粪便会使水质脏污，最好每2周换掉一部分的水，新换的水要先用日光照射1天以脱除氯气。

泵

只吃活的生物的肉食性昆虫

在空瓶中放入香蕉，会产生出果蝇，可以用半筒丝袜罩住瓶口采集下来，当作肉食性昆虫的食物。

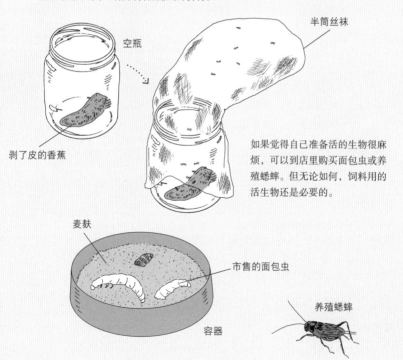

半筒丝袜

空瓶

剥了皮的香蕉

如果觉得自己准备活的生物很麻烦，可以到店里购买面包虫或养殖蟋蟀。但无论如何，饲料用的活生物还是必要的。

麦麸

市售的面包虫

容器

养殖蟋蟀

独角仙（幼虫）

饲养要诀

要妥善管理饲养用的昆虫土的湿度，以免长霉菌或壁虱。

如何取得

可以在秋天时到杂树林里挖开腐叶土或堆肥找找看，或是到店里购买。

饲养箱（幼虫）

饲养箱里铺上喷湿的昆虫土及腐叶土15～20厘米厚。昆虫土和腐叶土可以作为幼虫的食物。

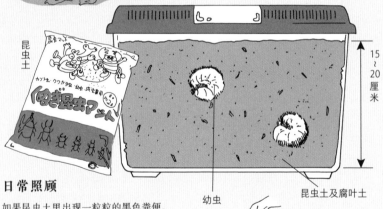

昆虫土

15～20厘米

幼虫

昆虫土及腐叶土

日常照顾

如果昆虫土里出现一粒粒的黑色粪便，可以把土倒在垫子上，挑取出粪便丢掉。减少的分量用新的昆虫土补充，再铺回饲养箱。将幼虫放在上面，它会自己潜入土中。

垫子

帮昆虫越冬

12月～次年3月期间，将饲养箱移到温度变化较小的地方，让昆虫越冬。

饲养箱（蛹）

长大的 3 龄幼虫，会在 5～6 月左右在饲养箱的下方筑出蛹室，变身为蛹。成蛹之后的 2～3 周内会羽化。

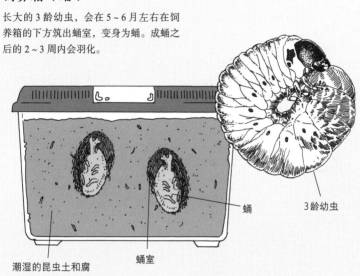

3 龄幼虫

蛹

蛹室

潮湿的昆虫土和腐叶土

喷筒

日常照顾

时常补充水分

为了不使昆虫土变得干燥，要常常用喷筒补充水分。

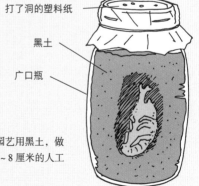

打了洞的塑料纸

黑土

广口瓶

当蛹室损坏时

在广口瓶中放入潮湿的园艺用黑土，做出直径 3～4 厘米、高 5～8 厘米的人工蛹室，并将蛹放在里面。

独角仙（成虫）

饲养要诀

因为雄性独角仙在一起会打斗，最好是用较小的饲养箱，将雌虫、雄虫一对一对分开养。

如何取得

到杂树林里看看有没有分泌树液的栎树，然后在夜间去采集。如果是白天，在树根附近的土壤中或许可以发现它们。此外，可以到店里购买独角仙和饲养箱的组合。

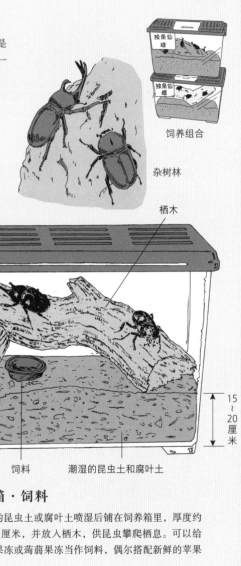

饲养组合

杂树林

栖木

昆虫果冻

苹果

用山毛榉或栎树当作栖木

15~20厘米

饲料

潮湿的昆虫土和腐叶土

饲养箱·饲料

将市售的昆虫土或腐叶土喷湿后铺在饲养箱里，厚度约15~20厘米，并放入栖木，供昆虫攀爬栖息。可以给它昆虫果冻或蒟蒻果冻当作饲料，偶尔搭配新鲜的苹果或香蕉。

日常照顾

时常补充水分

为了不使昆虫土过于干燥，常常用喷筒补充水分。

产卵时

发现饲养箱里有独角仙的卵或残骸，要将昆虫土全部倒出来挑出它们。

塑料容器

虫卵

打了洞的塑料纸

饲养方法相同的昆虫

铜花金龟、花潜金龟、金龟子

注意壁虱

如果发现独角仙身体上有壁虱，要用镊子夹掉，也可以用笔或牙刷轻轻挑掉。

怎么了？

镊子

饲养箱里有壁虱，要立刻清洗干净，并且换上新的昆虫土和所有的物品。

不要直接用手接触虫卵或残骸，可以用汤匙把它舀出来。

虫卵

汤匙

在塑料容器中放入潮湿的昆虫土，将虫卵放在土的表面上。用塑料纸盖住整个容器，虫卵大约会在2周左右孵化。

潮湿的昆虫土

锹形虫（幼虫）

饲养要诀

锹形虫的幼虫会互相打斗，最好
每只单独养。幼虫长成成虫大约
要3年，要非常有耐性地照顾。

栖木

如何取得

如果朋友饲养的锹形虫产卵的话，可以在10月
左右取出栖木，仔细找看上面是否有幼虫。此
外，也可直接到店里购买。

饲养箱·饲料

将昆虫土和腐叶土喷湿，放入广口瓶，并用棒子压紧。
将昆虫放在昆虫土的表面上，它自己会慢慢潜入土中。
广口瓶上用塑料布覆盖，并在上面打洞。

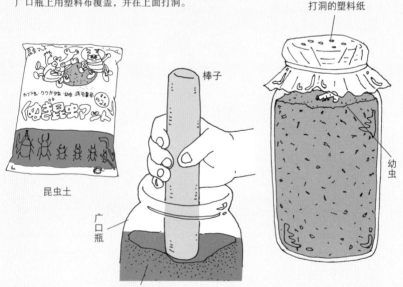

昆虫土

棒子

广口瓶

潮湿的昆虫土

打洞的塑料纸

幼虫

日常照顾

时常补充水分

为了不让广口瓶里的土干掉，要经常用喷筒补充水分。锹形虫的幼虫期约 1～3 年，经过反复蜕皮，长成 3 龄幼虫。

喷筒

更换饲料

如果幼虫粉状的粪便渐渐多了，要将旧的昆虫土倒出来。拣出幼虫后，留下 1/4 旧的昆虫土，另外 3/4 以新的取代，并充分搅拌均匀，再放回广口瓶里压紧。最后把幼虫放在土的表面，让它自己潜入土中。

新的昆虫土＋旧的昆虫土

饲养瓶的放置场所

夏天时要放在太阳直射不到的阴凉处，冬天时则放在暖气吹不到的场所。如果天气太冷，可将饲养瓶放入纸箱，用布盖上。

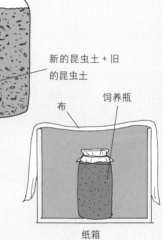

布

饲养瓶

纸箱

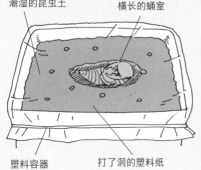

潮湿的昆虫土

横长的蛹室

塑料容器

打了洞的塑料纸

当蛹室损坏时

长大的幼虫到了秋天会在土中建造蛹室，然后变身为蛹。如果此时蛹室损坏了，赶快找一个塑料容器，放入潮湿的昆虫土，并在土里做一个横长形的人工蛹室，然后将蛹放进去。塑料容器上要覆盖打了洞的塑料纸。

锹形虫（成虫）

饲养要诀

锹形虫的成虫和独角仙不同，它可以活上好几年。因为雄性锹形虫在一起会打斗，最好是用较小的饲养箱，将雌虫、雄虫一对一对分开养。

饲养组合

如何取得

到杂树林里看看有没有分泌树液的栎树，然后在夜间去采集。如果是白天，在树根附近的土壤中或许可以发现它们。此外，可以到店里购买锹形虫和饲养箱的组合。

杂树林

雄　　雌

盖上盖子

昆虫果冻

栎树栖木

5~10厘米

昆虫土

潮湿的昆虫土或腐叶土

栖木一半插在土里

饲养箱·饲料

将市售的昆虫土或腐叶土喷湿后铺在饲养箱里，厚度约 5 ~ 10 厘米。栖木浸水后放入，一半插在昆虫土中。可以给它昆虫果冻或蒟蒻果冻作食物。

日常照顾

时常补充水分

为了使昆虫土保持湿润，可以用喷筒补充水分。

喷筒

帮锹形虫越冬

成虫会钻入昆虫土中越冬，将饲养箱移到玄关等温度变化较小、且暖气吹不到的地方。

产卵时

锹形虫会在夏季到秋季在栖木的周围产卵。将卵小心地取出来。

塑料容器　　　　虫卵

在塑料容器里铺上潮湿的昆虫土，将虫卵放在上面，并盖上打了洞的塑料纸。卵大约3周会孵化。

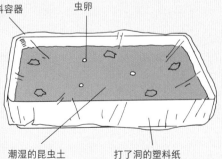

潮湿的昆虫土　　　打了洞的塑料纸

蚱蜢

饲养要诀

东亚飞蝗的幼虫和成虫同样都是吃稻科植物。云斑车蝗、大尖头蝗的饲养方式和东亚飞蝗相同。负飞蝗可以喂给艾草和山菠菜。蚱蜢（蝗虫）的弹跳力很强，喂食或打扫饲养箱时，要小心它跳出去。

如何取得

夏季至秋季时到草地上找找看，发现蚱蜢时可以用网子连虫带草一起采集。

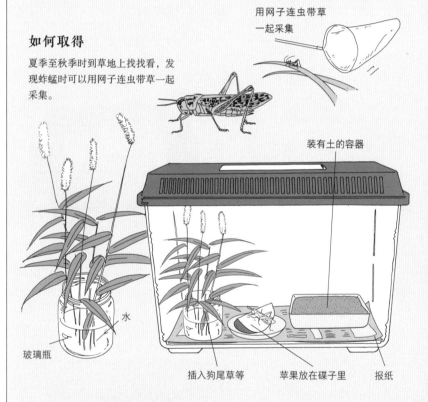

用网子连虫带草一起采集

装有土的容器

水

玻璃瓶

插入狗尾草等　　苹果放在碟子里　　报纸

饲养箱·饲料

先在饲养箱底部铺纸，放入装有饲料和产卵用土的塑料容器。此外，可以将狗尾草、牛筋草等稻科植物插在玻璃瓶里当作饲料。有时也可以将苹果切片放在碟子里。

124

饲养箱

日常照顾

更换饲料和打扫时

更换饲料或饲养箱底部的纸时，要先用大的透明塑料袋罩住整个饲养箱。

大的透明塑料袋

产卵

秋季时，雌虫会将腹部插入土中产卵。

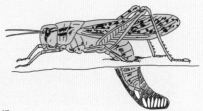

打了洞的塑料纸

帮蚱蜢越冬

将有虫卵的容器放入打扫干净的饲养箱中，并罩上打了洞的塑料纸。将饲养箱移到温度变化较小的场所，大约春天时会孵化。

有虫卵的容器

螳螂

饲养要诀

每个卵囊可以孵化 100 只以上的幼虫。属于肉食性昆虫，只吃活的小生物，因此饲料要妥善保存。要注意的是，没有食物时，螳螂会彼此相残，吃掉同住在一起的同伴，所以不要把很多只养在一起。

如何取得

从冬季到春季，可以到山野中采集上面附有卵囊的树枝或枯草。

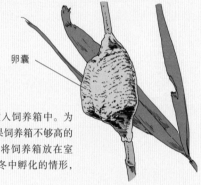

卵囊

饲养箱（卵）

将附有卵囊的树枝插在玻璃瓶里，放入饲养箱中。为了保持湿度，旁边可以放一盘水。如果饲养箱不够高的话，可以将它直立起来。此外，如果将饲养箱放在室内，可能会发生卵囊在食物缺货的严冬中孵化的情形，所以饲养箱最好放在屋外。

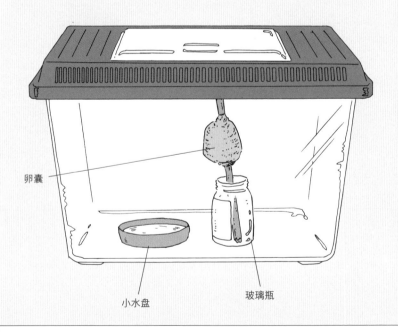

卵囊

小水盘

玻璃瓶

饲养箱·饲料（幼虫）

当卵孵化时

一个卵囊可以孵化出100只以上的幼虫，可以只挑选其中10只，其余的予以丢弃。

如何准备饲料

在玻璃瓶里放入水果，然后移到室外，会引诱果蝇来产卵。将水果连同玻璃瓶放入饲养箱，卵会从蛆羽化为果蝇，当作螳螂的饲料。

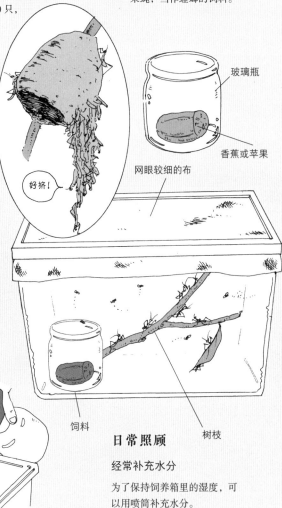

好挤！

玻璃瓶

香蕉或苹果

网眼较细的布

将树枝和饲料放入饲养箱中，并盖上网眼较细的布。由于幼虫长大后，获取食物很不容易，可以观察过它的成长过程后予以放生。

喷筒

饲料

树枝

日常照顾

经常补充水分

为了保持饲养箱里的湿度，可以用喷筒补充水分。

127

蟋蟀

饲养要诀

蟋蟀属于杂食性昆虫，可以喂蔬菜，也可以喂小鱼干，饲养起来很有乐趣。因为它们会彼此相残，所以不要在同一个饲养箱里养许多只。

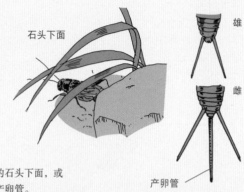

石头下面

雄

雌

产卵管

如何取得

从夏季到秋季，在庭院或空地的石头下面，或草地上找找看。其中雌蟋蟀有产卵管。

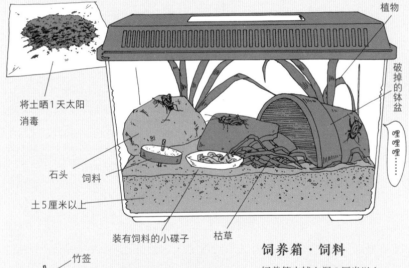

将土晒1天太阳消毒

植物

破掉的钵盆

哩哩哩……

石头

饲料

土5厘米以上

装有饲料的小碟子

枯草

竹签

茄子

小鱼干

柴鱼片

饲养箱·饲料

饲养箱中铺上深5厘米以上的土，并放置石头、破掉的钵盆、枯草，再种一两株植物。可以喂食茄子、黄瓜、小鱼干、柴鱼片，等等。饲料不要直接放在土上。

日常照顾

经常补充水分

为了不使饲养箱中干燥，可经常以喷筒补充水分。但要注意的是，不要过分潮湿，以免发霉。如果因为长霉菌或昆虫的粪便使土污脏，要更换新土。

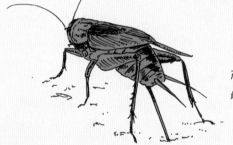

产卵

雌虫会将产卵管插入土中产卵。

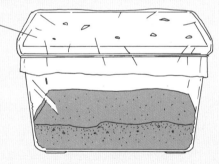

打了洞的塑料纸

帮蟋蟀越冬

如果土中有成虫的残骸要予以除去，粪便或吃剩的饲料要定期清理。饲养箱用打了洞的塑料纸覆盖后，移到温度变化的地方。到了春天，揭掉塑料纸，等待虫卵孵化。

金钟儿

饲养要诀

金钟儿（日本钟蟋）是杂食性昆虫，蔬菜和小鱼干都可以吃，或是直接喂食市售的饲料，十分方便又有乐趣，但不要将许多只金钟儿养在同一个饲养箱里。

如何取得

最简单的就是直接到店里去购买。雄性的身体比较宽，且翅膀上有较复杂的花纹，雌性的则有产卵管。

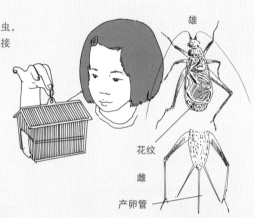

雄

花纹

雌

产卵管

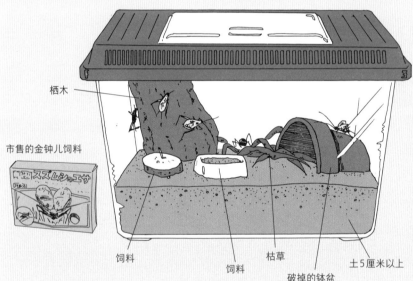

栖木

市售的金钟儿饲料

饲料

饲料

枯草

破掉的钵盆

土5厘米以上

饲养箱·饲料

在饲养箱中铺上深 5 厘米以上的土。上面再放置破掉的钵盆、枯草、栖木等。市售的饲料放在小碟子里，黄瓜可以用竹签插立在土上。

饲养箱里的土很容易污脏，食物不要直接放在土上。有时也可搭配小鱼干或柴鱼片。

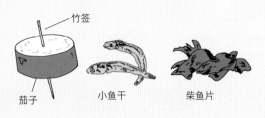

竹签

茄子　　　小鱼干　　　柴鱼片

日常照顾

经常补充水分

除了要勤于清除粪便，还要经常用喷筒补充水分，以免土过于干燥。

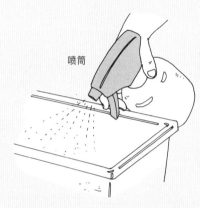

喷筒

清除粪便

很明显看到粪便时，可以用毛笔清除。

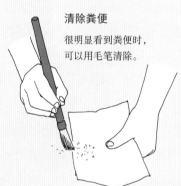

产卵

雌虫会将产卵管插入土中产卵。

帮金钟儿越冬

如果土中有成虫的残骸要予以除去，粪便或吃剩的饲料要定期清理。饲养箱用打了洞的塑料纸覆盖后，移到温度变化小的地方。到了春天，揭掉塑料纸，等待虫卵孵化。

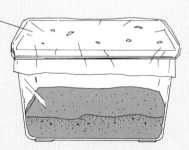

打了洞的塑料纸

瓢虫

饲养要诀

常见的异色瓢虫、七星瓢虫，无论成虫或幼虫都是肉食性的，因此要确实保存足够的饲料。

如何取得

春季或夏季时，可以到庭院中或空地的杂草堆里找看看。如果发现瓢虫的成虫，可以将底片盒向下，然后用盖子将它赶进去。

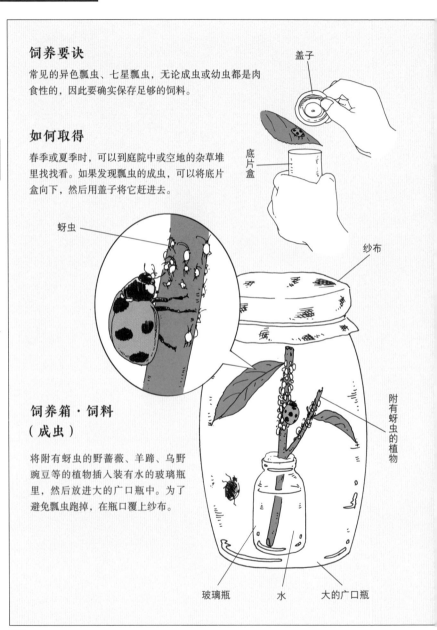

盖子

底片盒

纱布

蚜虫

附有蚜虫的植物

饲养箱·饲料（成虫）

将附有蚜虫的野蔷薇、羊蹄、乌野豌豆等的植物插入装有水的玻璃瓶里，然后放进大的广口瓶中。为了避免瓢虫跑掉，在瓶口覆上纱布。

玻璃瓶　　水　　大的广口瓶

饲养箱（卵）

采集到附在叶子上的黄色虫卵后，在叶子的基部裹上沾了水的卫生纸，用锡箔纸包住后放入塑料容器里。3～4天后会孵化。

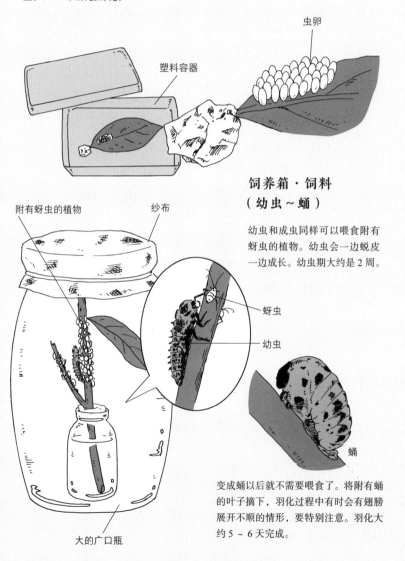

塑料容器

虫卵

饲养箱·饲料（幼虫～蛹）

幼虫和成虫同样可以喂食附有蚜虫的植物。幼虫会一边蜕皮一边成长。幼虫期大约是2周。

附有蚜虫的植物

纱布

蚜虫

幼虫

蛹

大的广口瓶

变成蛹以后就不需要喂食了。将附有蛹的叶子摘下，羽化过程中有时会有翅膀展开不顺的情形，要特别注意。羽化大约5～6天完成。

133

蚂蚁

饲养要诀

大黑蚁因为体型较大，比较好观察。即使是种类相同，但如果来自不同巢穴，还是有可能会打斗，因此最好饲养同一个巢穴的蚂蚁。

如何取得

庭院、校园、旱田、公园等经常可以看到蚂蚁的巢穴。用甜点当作饵来引诱蚂蚁是最简单的方法。虽然也可用吸虫管，但很容易使它受伤。一次可以采集 10～20 只。5～6 月，羽蚁的季节中，如果可以发现蚁后的话，不妨只采集蚁后。

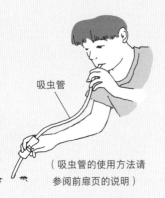

吸虫管

（吸虫管的使用方法请参阅前扉页的说明）

饵食

饲养箱·饲料

市面上有蚂蚁专用的饲养箱，也可以自己动手做。准备 3 厘米见方的角材、透明亚克力板、美耐板，如右图制作。亚克力板用亚克力切割刀来切割。

将亚克力板、美耐板、角材用粘合剂来黏合。

角材的盖子（不要黏合）

20厘米

40厘米

角材

3厘米

厚2毫米的亚克力板

美耐板

将巢穴周边的土筛过后和沙混合。

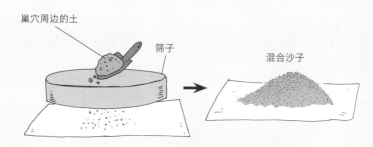

巢穴周边的土

筛子

混合沙子

将饲料放在锡箔纸上　　工蚁　　用手指挖个小洞

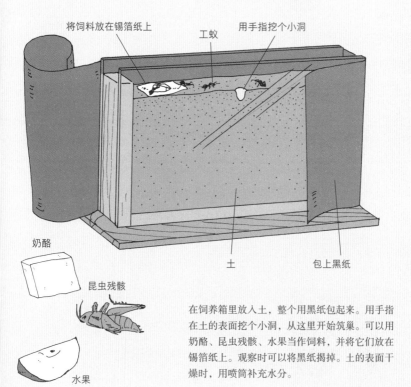

奶酪

昆虫残骸

土　　包上黑纸

水果

在饲养箱里放入土，整个用黑纸包起来。用手指在土的表面挖个小洞，从这里开始筑巢。可以用奶酪、昆虫残骸、水果当作饲料，并将它们放在锡箔纸上。观察时可以将黑纸揭掉。土的表面干燥时，用喷筒补充水分。

采集到蚁后时

寻找蚁后

5 ~ 6 月，如果看到许多羽蚁，就是蚂蚁的结婚飞行季节。傍晚时在小石头或枯草下找找看，说不定会发现体长 18 毫米的蚁后。会产卵并在交配后翅膀脱落的就是蚁后。不妨花点心思采集到蚁后，带回去仔细观察一下。

大黑蚁的蚁后。交配之后翅膀会立刻脱落。如果翅膀仍然完好的即为雄蚁。

饲养箱

可以直接购买市售的蚂蚁饲养箱，或是参考前一页自己动手做。同样地在土的表面用手指挖个小洞。工蚁羽化前，蚁后什么也不吃，所以不需要喂食。

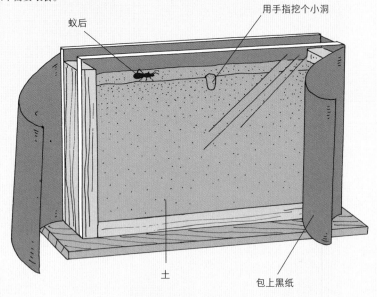

蚁后

用手指挖个小洞

土

包上黑纸

日常照顾

经常补充水分

土的表面变得干燥时，可以用喷筒补充水分。
蚁后会独自产卵并养育幼虫。

喷筒

工蚁羽化完成后再喂食

幼虫变成蛹以后，工蚁的羽化就接近了。一旦羽化完成，工蚁会开始寻找食物，
可以将奶酪、昆虫残骸、水果等放在锡箔纸上，然后放进饲养箱中。

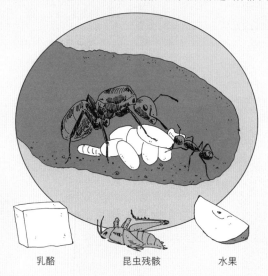

乳酪　　　　　　昆虫残骸　　　　　水果

蝴蝶

饲养要诀（凤蝶）

没有寄生蜂或壁虱寄生的话，就只要不断喂给新鲜的食草即可，饲养方式很简单。

如何取得

在蜜柑、枸橘、食茱萸的枝叶上找一找，冬季到春季期间可以见到蛹，春季到秋季可以见到卵和幼虫。最好连枝叶一同采集。

饲养箱（卵）

将食草的根部用浸湿的卫生纸裹好，再包上锡箔纸，放入草莓盒或塑料容器里。

蜜柑

枸橘

卵

卫生纸 + 锡箔纸

草莓盒

报纸

树枝

棉花

玻璃瓶

水

饲养箱·饲料（幼虫）

将有 5 ~ 6 片叶子的树枝插入装了水的玻璃瓶里，放入饲养箱。当叶子渐渐枯萎或掉落就更换新的树枝，并将幼虫移到新枝上。

日常照顾

清除粪便

将幼虫连同玻璃瓶一起拿出来，将掉落在饲养箱底部报纸上的粪便清除干净。

成为终龄幼虫时

幼虫经过4次蜕皮变成终龄幼虫，此时食量变大，要喂给足够的食草。

羽化后

羽化后会开始在饲养箱里飞来飞去，最好将它放回户外去。

成蛹后

成蛹后，为了不妨碍它的羽化，可将树枝上的叶子摘掉，瓶子里的水倒掉。
参阅下页。

饲养方式相同的昆虫

其他蝶类

不同种类的蝴蝶幼虫，会吃不同植物的叶子。

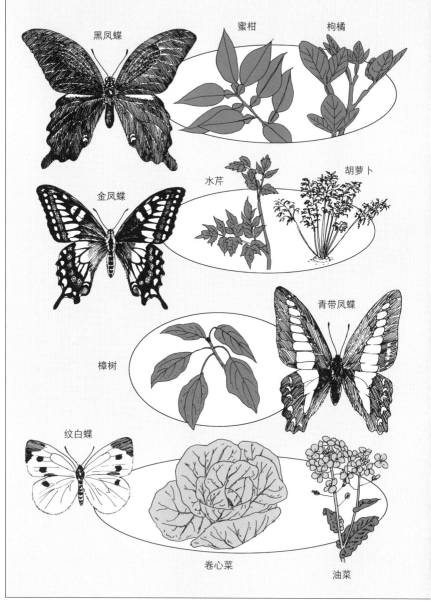

黑凤蝶
蜜柑
枸橘

金凤蝶
水芹
胡萝卜

青带凤蝶
樟树

纹白蝶
卷心菜
油菜

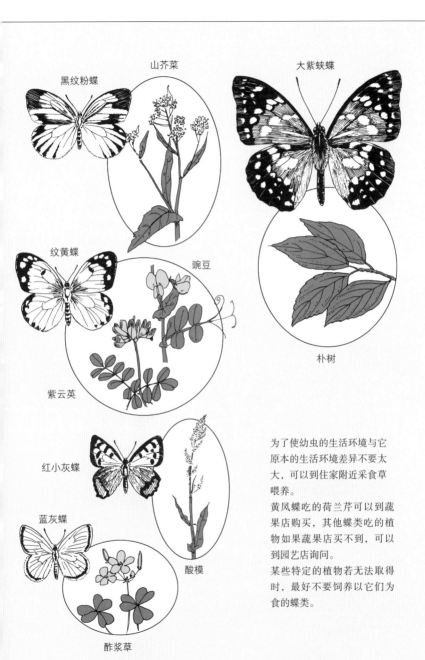

黑纹粉蝶

山芥菜

大紫蛱蝶

纹黄蝶

豌豆

紫云英

朴树

红小灰蝶

蓝灰蝶

酸模

酢浆草

为了使幼虫的生活环境与它原本的生活环境差异不要太大，可以到住家附近采食草喂养。

黄凤蝶吃的荷兰芹可以到蔬果店购买，其他蝶类吃的植物如果蔬果店买不到，可以到园艺店询问。

某些特定的植物若无法取得时，最好不要饲养以它们为食的蝶类。

蜻蜓（水虿）

饲养要诀

生活在流动的河川边的晏蜓较难饲养，生活在
池塘和水田中的秋赤蜻较容易饲养。

池塘或水田

如何取得

5～7月，用网子直接捞取池塘或水田中的泥，
或是用脚踩踏水草的根部后用网子捞取蜻蜓的
幼虫——水虿。

不要盖盖子

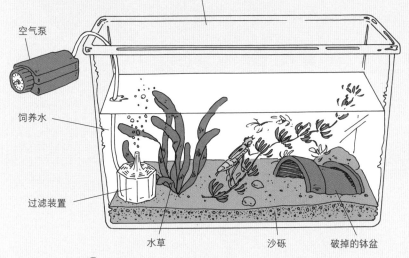

空气泵

饲养水

过滤装置

水草

沙砾

破掉的钵盆

变种鱼

红虫

饲养箱·饲料

在饲养箱里铺上厚4～5厘米的沙砾后，放入饲
养水，并安装空气泵和过滤装置（如果饲养箱够
大，可以不用过滤装置）。饲养箱不须加盖。水虿
要吃活的小生物，可向店里购买变种鱼和红虫来
喂食。

日常照顾

立刻捞除饲料残渣

吃剩的饲料残渣立刻用小网子捞除，以免饲养水污脏。

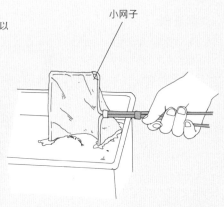

小网子

接近羽化时

当水蚤停止吃东西时，就是快要羽化了。在饲养箱的沙砾上插一根棒子，并露出水面 10 厘米以上，作为羽化的场所。

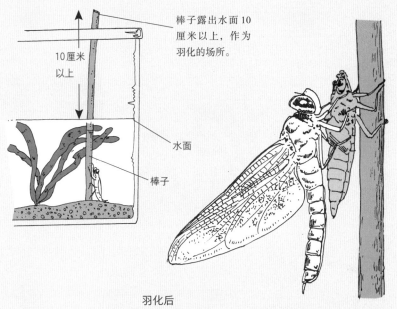

10厘米以上

棒子露出水面 10 厘米以上，作为羽化的场所。

水面

棒子

羽化后

羽化完成且翅膀完全伸展、干燥后的蜻蜓，最好将它放生。由于蜻蜓会在飞行中捕捉其他昆虫当食物，因此很难将它关在饲养箱中饲养。

龙虱

饲养要诀

成虫和幼虫都是肉食性的，食物不用变换。龙虱需要呼吸空气，饲养箱中要配置砖块当作上岸的陆地。

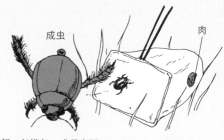

成虫

肉

如何取得

用网子将小溪或池塘中的水草连根部一起捞起，或是在网子底部放一块肉当作食物，以引诱龙虱进入。

没有缝隙的盖子

空气泵

饲养水

过滤装置

沙砾

水草

砖块

红虫

小鱼干

饲养箱·饲料（成虫）

在饲养箱里铺上厚 4～5 厘米的沙砾后，注入饲养水，并安装空气泵和过滤装置（如果饲养箱够大，可以不用过滤装置），放入水草和作为陆地的砖块。为了防止龙虱跑出去，盖子上不要有缝隙。以红虫和小鱼干为饲料，每 2～3 天喂 1 次。

饲养箱·饲料（幼虫）

在小型的饲养箱注水，安装空气泵和过滤装置，并放入流木。因为龙虱会彼此相残，最好每次只养1只。可以用红虫和变种鱼等活物喂食。

幼虫

空气泵

饲养水

流木

过滤装置

红虫

变种鱼

饲养箱（蛹）

当幼虫停止吃东西时，就是快要成蛹了。用水田里的泥做出陆地，注入饲养水，然后将幼虫放进去。幼虫会自行爬上陆地，在泥中筑出蛹室。

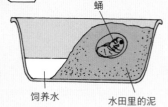

蛹

饲养水

水田里的泥

日常照顾

立刻捞除饲料残渣

无论是成虫或幼虫，吃剩的饲料残渣要立刻用小网子捞除，以免饲养水污脏。

小网子

换水

龙虱喜欢生活在清洁的水中，饲养箱中的水脏了就要更换。

水螳螂

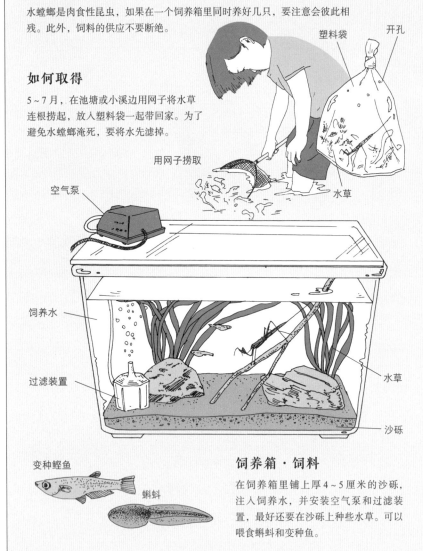

饲养要诀

水螳螂是肉食性昆虫，如果在一个饲养箱里同时养好几只，要注意会彼此相残。此外，饲料的供应不要断绝。

如何取得

5～7月，在池塘或小溪边用网子将水草连根捞起，放入塑料袋一起带回家。为了避免水螳螂淹死，要将水先滤掉。

塑料袋

开孔

用网子捞取

水草

空气泵

饲养水

过滤装置

水草

沙砾

变种鳉鱼

蝌蚪

饲养箱·饲料

在饲养箱里铺上厚4～5厘米的沙砾，注入饲养水，并安装空气泵和过滤装置，最好还要在沙砾上种些水草。可以喂食蝌蚪和变种鱼。

日常照顾

立刻捞除饲料残渣

吃剩的饲料残渣要立刻用小网子捞除，以免饲养水污脏。

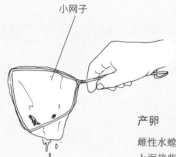

小网子

产卵

雌性水螳螂有可能会产卵。在饲养箱里放块砖头，上面放些水苔，并让饲养水刚好浸到，水螳螂就会到水苔上产卵。

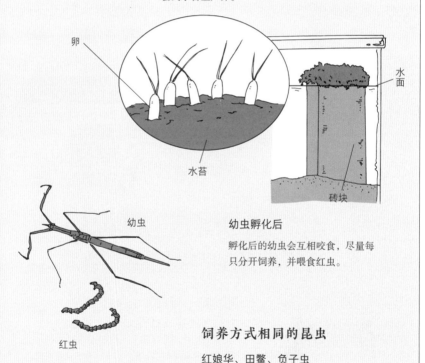

卵

水苔

水面

砖块

幼虫

幼虫孵化后

孵化后的幼虫会互相咬食，尽量每只分开饲养，并喂食红虫。

红虫

饲养方式相同的昆虫

红娘华、田鳖、负子虫

水黾

饲养要诀

水黾会吸食落在水面上的昆虫体液。
饲养时要有足够的饲料。因为彼此会相
残，不要在饲养箱里同时
养很多只。

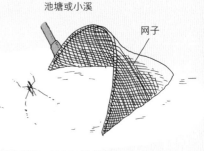

池塘或小溪

网子

如何取得

可以直接用较细密的网子捞取停在水面上的水黾，并连同水
草一起放在塑料袋里带回家。

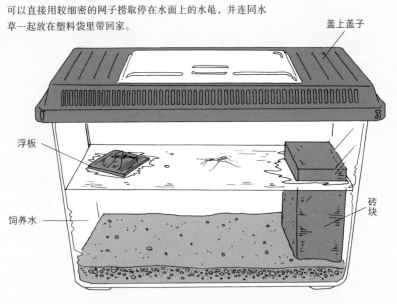

盖上盖子

浮板

砖块

饲养水

饲养箱·饲料

在饲养箱里注水，放一块砖头当作陆地，再放入
一片浮板当作水黾休息的场所。为了避免水黾跑
掉，饲养箱上要加盖子。可以直接将活的苍蝇和
蚂蚁丢到水面上，当作它的食物。

苍蝇   蚂蚁

日常照顾

换水

如果饲养水脏污了，可以用养鱼的排水泵吸掉一半的水，再添加新的饲养水。为了避免水虿趁机逃跑，饲养箱的盖子只要开个能让排水泵管插入的小缝即可。

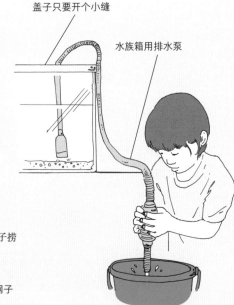

盖子只要开个小缝

水族箱用排水泵

立刻捞除饲料残渣

吃剩的饲料残渣要立刻用小网子捞除，以免饲养水污脏。

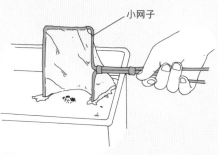

小网子

帮水虿越冬

水虿的成虫会在水边的杂草中越冬，可以在饲养箱里放块砖头当作陆地，放上水苔或草，让水虿有地方休息或越冬。

水苔或草

蜗牛

饲养要诀

蜗牛的饲养并不困难，它喜欢生活在潮湿的地方，饲养环境只要有点水就可以了。

如何取得

春季到夏季期间，下雨的时候，在庭院的围墙上或是植物的叶子上都很容易看到蜗牛。

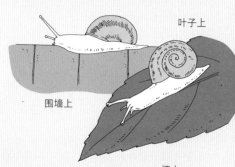

叶子上

围墙上

饲养箱·饲料

在饲养箱里铺上潮湿的沙子 5 厘米高，再放上一层含水量高的水苔，并配置装饲料的小碟子、栖木和当作遮蔽处的破钵盆。

栖木

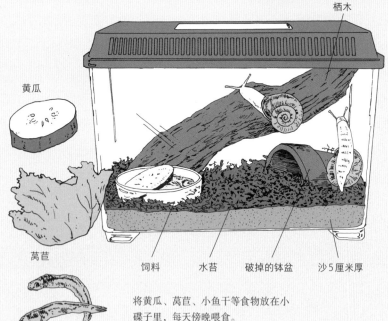

黄瓜

莴苣

小鱼干

饲料　　水苔　　破掉的钵盆　　沙 5 厘米厚

将黄瓜、莴苣、小鱼干等食物放在小碟子里，每天傍晚喂食。

日常照顾

经常补充水分

饲养箱变得干燥时，要用喷筒补充水分。

打扫饲养箱

要经常清除粪便，并用湿的卫生纸擦拭被蜗牛吸附过的饲养箱内壁。

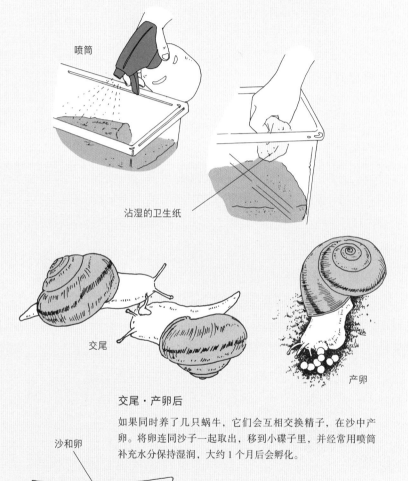

喷筒

沾湿的卫生纸

交尾

产卵

交尾·产卵后

如果同时养了几只蜗牛，它们会互相交换精子，在沙中产卵。将卵连同沙子一起取出，移到小碟子里，并经常用喷筒补充水分保持湿润，大约1个月后会孵化。

沙和卵

小碟子

饲养方式相同的昆虫

蛞蝓（鼻涕虫）

鼠妇

饲养要诀

鼠妇喜欢潮湿的地方，经常用喷筒补充水分，使它的生活环境保持湿润。饲养箱放在日光照射不到的阴暗地方。

如何取得

在庭院或公园的落叶下或岩石下找找看，如果发现鼠妇的踪影，可以用底片盒采集。

石头下面

广口瓶

丝袜或纱布

饲料

饲养箱·饲料

将采集到鼠妇地方的土壤装入空瓶里，并保持潮湿，然后在上面铺一层腐叶土。瓶口可以用丝袜或纱布封住。除了腐叶土，还可以另外喂食卷心菜和小鱼干。

小鱼干

卷心菜

腐叶土

腐叶土

土

日常照顾

经常补充水分

鼠妇生活在干燥的环境里会变得很衰弱，记得经常用喷筒补充水分。

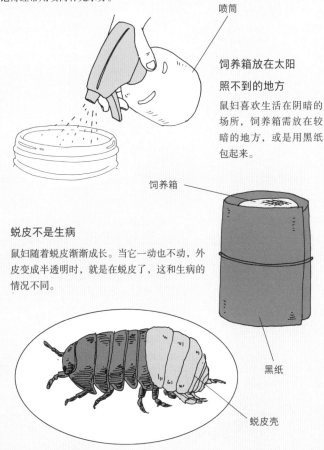

喷筒

饲养箱放在太阳照不到的地方

鼠妇喜欢生活在阴暗的场所，饲养箱需放在较暗的地方，或是用黑纸包起来。

饲养箱

蜕皮不是生病

鼠妇随着蜕皮渐渐成长。当它一动也不动，外皮变成半透明时，就是在蜕皮了，这和生病的情况不同。

黑纸

蜕皮壳

饲养方式相同的昆虫

草鞋虫、铗虫

昆虫采集是不应做的事?

原始的大自然环境正渐渐消失。有些完全不可能发生河川暴涨或洪水泛滥的地方，不知道为什么竟然用钢筋水泥筑上了防护堤。虽然只是不起眼的小工程，但它已带给无数生物生命的威胁，并将它们栖息的场所破坏殆尽。

近来各地纷纷展开停止过度开发、保护大自然的运动，并且有人提出：进行自然保护运动的同时，我们是否该停止采集昆虫，而应在自然环境下观察它们的生态。

然而，将昆虫采集回来饲养，比野外观察更能了解生物的动态，并且得以亲见生命之不可思议。如果我们剥夺了孩子与昆虫邂逅的机会，并使他们在成长过程中缺少了与昆虫接触的经验，长大后他们对昆虫的认知，可能只是一群"发出臭味的家伙"，这对培养他们尊重大自然的情操或多或少有不利的影响。

鸟

鸟类的饲养工具

准备方式

基本上要有饲养笼、食器、给水器、栖木，其他的再视需要添购。市面上贩售的组合商品，基本配备一应俱全，十分方便。

饲养笼

有金属制的和木制的，最好是大一点，以免鸟的活动受到拘束。栖木则配合笼子的大小购置。

栖木

巢

如果准备持续饲养，并打算繁殖，就需要准备鸟巢。

袋状巢（文鸟）

碗状巢（金丝雀）

箱形巢（虎皮鹦鹉）

饲养篮

如果想把鸟类放在手上饲养，可以准备培育雏鸟的饲养篮。

食器和给水器

有挂在鸟笼上的悬挂式食器，和直接放在鸟笼底部的平放式食器。平放式的要选择较重且稳固的。可另外准备专放青菜的食器，会更方便。

青菜食器

食物磨碎器

需要磨碎或混合食物时，可以准备小型研磨钵和研磨棒。

喂食器

喂食刚出生的雏鸟时使用。

戏水用容器

小鸟很喜欢戏水。用稍大一点且稳固的容器装水，才不容易打翻。

玩具

笼子里最好挂有连环、秋千和镜子，增加小鸟的活动和乐趣。

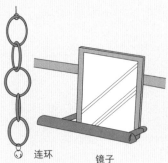

秋千　　　　连环　　　　镜子

虎皮鹦鹉

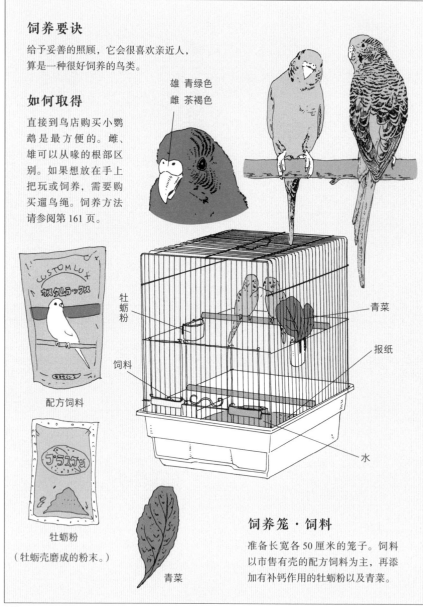

饲养要诀

给予妥善的照顾，它会很喜欢亲近人，算是一种很好饲养的鸟类。

如何取得

直接到鸟店购买小鹦鹉是最方便的。雌、雄可以从喙的根部区别。如果想放在手上把玩或饲养，需要购买遛鸟绳。饲养方法请参阅第 161 页。

雄 青绿色
雌 茶褐色

配方饲料

牡蛎粉
（牡蛎壳磨成的粉末。）

牡蛎粉

饲料

青菜

青菜

报纸

水

饲养笼·饲料

准备长宽各 50 厘米的笼子。饲料以市售有壳的配方饲料为主，再添加有补钙作用的牡蛎粉以及青菜。

日常照顾

每天检查饲料和饮水

将饲料上的壳吹掉，
再加上新的。

轻轻地吹，只要把壳吹掉

每天早上换
干净的水

夜晚用布盖住笼子

为了保温并使鸟儿情绪稳定，夜晚用布
或小毯子将鸟笼盖住。

嗯~好干净！

每周打扫1次

鸟笼底部的报纸每周更换1次，
并用布擦拭笼子。

教鹦鹉讲话

有耐性地反复说同样的话给鹦鹉听，它会模
仿着说出来。一旦学会了，它就再也不会忘
记，所以不要教它说不好的话。

早安！

繁殖

如果有好的配对，不妨让鹦鹉繁殖。把巢箱准备好，雌鸟会在里面产下 5～6 个卵。17～18 天后卵会孵化，再过 6 周左右即可离巢自立。

有好的对象，就配对繁殖吧！

喂食高营养的饲料

准备繁殖前，可以在饲料中混入 10% 的加那利种子，以添加营养。

准备巢箱

准备市售的巢箱。鹦鹉有强大的咬合力与破坏力，需要较坚固的材质做成的巢箱。

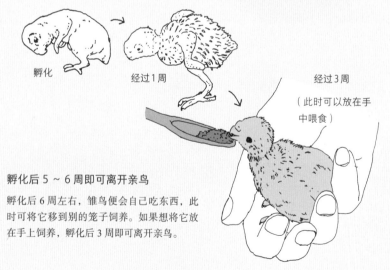

孵化

经过 1 周

经过 3 周

（此时可以放在手中喂食）

孵化后 5～6 周即可离开亲鸟

孵化后 6 周左右，雏鸟便会自己吃东西，此时将它移到别的笼子饲养。如果想将它放在手上饲养，孵化后 3 周即可离开亲鸟。

如何将鸟放在手上饲养

想养出能够经常放在肩上或手上、带出门溜达的鹦鹉，在孵化后 3 周左右就可以开始。准备麦秆编成的饲养篮饲养雏鸟，比较暖和的时候则放在有孔隙的饲养盒里。

饲养篮

卫生纸

要注意保暖

饲养盒下方铺上卫生纸，可以达到保暖的作用。

饲养盒

热水

市售磨碎的鸟食

青菜

用汤匙或竹勺喂食雏鸟

每隔 3 小时喂食

将市售的磨碎鸟食，加入青菜、热水搅拌后，以汤匙每隔 3 小时喂食 1 次，每天 4 次。

可以独自到外面来时

雏鸟随着成长，可以从饲养篮里出来了。此时可将市售的幼鸟饲料用热水调成糊状喂食，之后再让它慢慢习惯吃带壳的饲料。

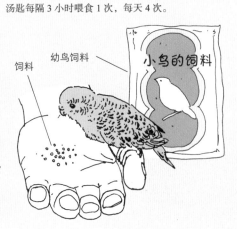

饲料

幼鸟饲料

小鸟的饲料

如果是将食物放在手上喂食，可以顺便和它玩一玩。

十姊妹·文鸟

饲养要诀

这两种鸟都很亲近人，同类之间的关系也很平和，即使是第一次养鸟的人也不会有什么困难。只是文鸟对寒冷的抵抗力较弱，需要多加注意。

如何取得

可以到鸟店选购羽翼干净、有活力的幼鸟。十姊妹雌雄的差异很小，甚至难以区别。文鸟雌雄的差别则在喙的粗细和眼睛周围红环粗细的不同。如果要放在手上饲养，可以购买雏鸟，并参阅第165页的饲养方法。

十姊妹

羽翼清洁、有活力的鸟

文鸟

鸟喙和红色环较粗大

雄

鸟喙和红色环较细小

雌

饲养笼·饲料

准备长宽各50厘米的笼子。饲料以市售有贝壳的配方饲料为主，再添加有补钙作用的牡蛎粉以及青菜。

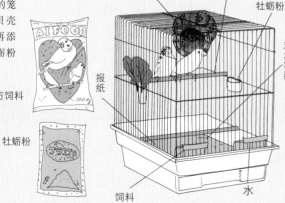

配方饲料

牡蛎粉

青菜

袋状巢

栖木

牡蛎粉

戏水容器

报纸

饲料

水

日常照顾

每天检查饲料和饮水

将饲料上的壳吹掉，再加上新的。

轻轻地吹，只要把壳吹掉

每天早上换干净的水

夜晚用布盖住笼子

为了保温并使鸟儿情绪稳定，夜晚用布或小毯子将鸟笼盖住。

做做日光浴

有时可将鸟连同鸟笼一起拿到阳台吹不到风的地方做做日光浴，等到午后3点再拿进屋里。

每周打扫1次

鸟笼底部的报纸每周更换1次，并用布擦拭笼子。

吱吱

让鸟多多戏水

偶尔让它玩玩水，但冬天时玩水后要做日光浴，以温暖身体。

繁殖

十姊妹一年大约繁殖3～5次。雌鸟会在袋状巢产下5～7个卵，2周左右会孵化。雏鸟在孵化3周后可以离巢。

雌的文鸟会在袋状巢里产下5～6个蛋，16～17天左右会孵化。雏鸟在孵化约4～5周就可以离巢。

喂食高营养的饲料

准备繁殖前，可以在含壳的饲料中混入1/10市售的小米和加那利种子，以添加营养。

加那利种子

市售的小米

准备筑巢材料

将市售的筑巢材料捆在笼子上，雌鸟会拔下来带到巢里去，并在那里产卵。

筑巢的材料

孵化后

十姊妹和文鸟孵化后5～6周即可离开亲鸟，移到别的笼子饲养。如果想将文鸟放在手上饲养，孵化后2～3周即可离开亲鸟。

如何将鸟放在手上饲养

想养出能够经常放在肩上或手上、带出门溜达的文鸟，在孵化后 2 ～ 3 周左右就可以开始。准备麦秆编成的饲养篮饲养雏鸟，比较暖和的时候放在有孔隙的饲养盒里。

要注意保暖

饲养盒下方铺上卫生纸，可以达到保暖的作用。

饲养篮

卫生纸

饲养盒

每隔 3 小时喂食

将市售的磨碎鸟食，加入青菜、热水搅拌后，以竹勺每隔 3 小时喂食 1 次，每天 4 次。

竹勺

热水

青菜

市售的磨碎的鸟食

可以独自到外面来时

雏鸟随着成长，可以从饲养篮里出来了。此时可将市售的小鸟饲料用热水调成糊状喂食，然后让它渐渐习惯吃带壳的饲料。

小米粒

市售的小鸟饲料

金丝雀

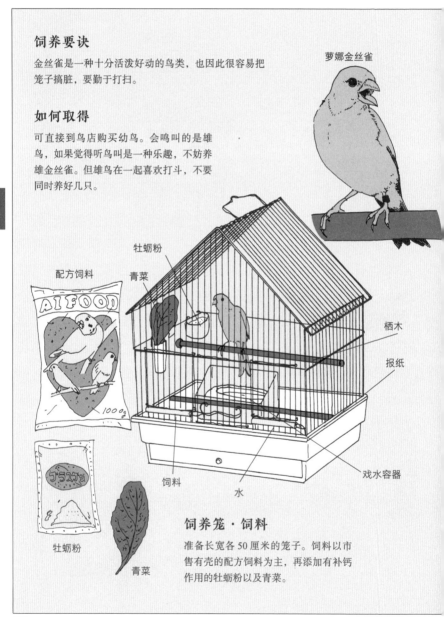

饲养要诀

金丝雀是一种十分活泼好动的鸟类，也因此很容易把笼子搞脏，要勤于打扫。

萝娜金丝雀

如何取得

可直接到鸟店购买幼鸟。会鸣叫的是雄鸟，如果觉得听鸟叫是一种乐趣，不妨养雄金丝雀。但雄鸟在一起喜欢打斗，不要同时养好几只。

配方饲料

AI FOOD

100g

牡蛎粉

青菜

牡蛎粉

青菜

栖木

报纸

戏水容器

饲料

水

饲养笼·饲料

准备长宽各50厘米的笼子。饲料以市售有壳的配方饲料为主，再添加有补钙作用的牡蛎粉以及青菜。

日常照顾

每天检查饲料和饮水

将饲料上的壳吹掉，
再加上新的。

轻轻地吹，只要把壳
吹掉

每天早上换
干净的水

夜晚用布盖住笼子

为了保温并使鸟儿情
绪稳定，夜晚用布或
小毯子将鸟笼盖住。

要经常打扫饲养笼

金丝雀的粪便很软，比较不容易清除。
打扫笼子时，不但要更换报纸，连笼子
本身、食器、给水器、戏水容器都要清
洗干净。

教金丝雀模仿叫声

金丝雀的叫声非常动人，如果将其他
鸟类好听的叫声录下来播放给它听，
它也会学着叫，非常有趣。

鸡

饲养要诀

雏鸡出生后 3 周内最好放在室内饲养，尤其夜间要注意保温。雏鸡很喜欢玩沙，可以准备小沙坑。

如何取得

可以直接到鸟店挑选一只有活力的小鸡。鸡小的时候毛绒绒的非常可爱，但长大后就完全不一样了，了解这一点再决定是否饲养。

有活力

眼睛很明亮

肛门很清洁

饲养箱（雏鸡）

在大型纸箱中放入宠物专用电暖垫，再铺上报纸保温。同时配置食器、给水器。如果没有宠物用的电暖垫，可以用装了热水、包上布的塑料瓶取代，但要注意温度不够高时要重新换热水。

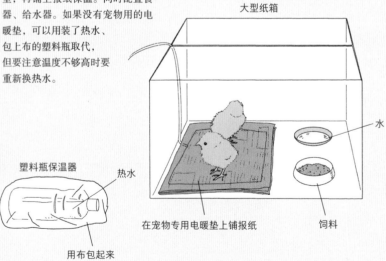

大型纸箱

水

塑料瓶保温器

热水

用布包起来

在宠物专用电暖垫上铺报纸

饲料

饲料（雏鸡）

以雏鸡专用配方饲料为主，加入剁碎
的青菜和磨碎的小鱼干。雏鸡1天分
开喂个几次，一次不要太多。如果雏
鸡什么都不吃，可以用热水将配方饲
料调成糊状，用市售的喂食器喂它。

青菜

小鱼干

日常照顾（雏鸡）

出生后2～3周，可以让雏鸡离开
饲养箱，到外面做做日光浴和运
动，但要注意猫、狗的侵袭。

水

为了不使饲料和饮水长出霉
菌，要常常清扫整理。

饲料

最好是用双手将雏鸡捧在手心里，如
果是放它在地板上自由活动，
小心不要踩到了。

哔‼

饲养笼（成鸡）

笼子里要配置睡觉用的休息台，并准备一个铺了麦秆的箱子，作为产卵的地方。此外还要装水和饲料的容器，以及让鸡玩沙的沙坑。

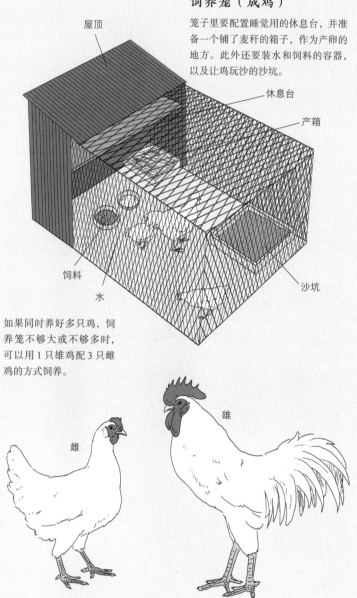

屋顶

休息台

产箱

饲料

水

沙坑

如果同时养好多只鸡，饲养笼不够大或不够多时，可以用1只雄鸡配3只雌鸡的方式饲养。

雌

雄

饲料（成鸡）

以鸡用配方饲料为主，并添加剁碎的青菜，以及可以补充钙质的贝壳粉或牡蛎粉等。

鸡用配方饲料

剁碎的青菜

磨碎的贝壳

饲料

水

用铲子将粪便铲除

日常照顾

水和饲料需要天天更换。每天将粪便和吃剩的饲料清除干净，可以预防疾病的发生。沙坑里的沙也要经常更换。

产卵后

雌鸡产卵后，会开始照顾小鸡。如果不打算繁殖更多的鸡，可以把蛋吃掉。

鹌鹑

饲养要诀

雏鸟在夏季也需要保温。雄鸟之间很容易发生争斗，如果没有宽广的饲养场，最好是单独饲养。

如何取得

可以直接到鸟店挑选一只有活力的。有些店里还兼卖冲绳秧鸡等鸟类。

眼睛很明亮

有活力

肛门很清洁

饲养箱·饲料（雏鸟）

在大型纸箱中放入宠物专用电暖垫，再铺上报纸保温。同时配置食器、给水器。如果没有宠物用的电暖垫，可以用装了热水、包上布的塑料瓶取代。

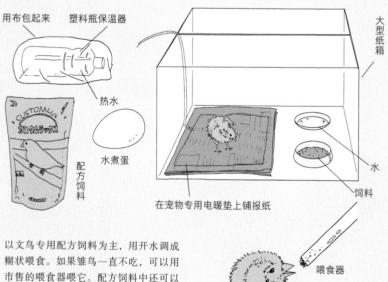

用布包起来　塑料瓶保温器

热水

CUSTOMLUX
カスタムラックス

配方饲料

水煮蛋

大型纸箱

在宠物专用电暖垫上铺报纸

水

饲料

喂食器

以文鸟专用配方饲料为主，用开水调成糊状喂食。如果雏鸟一直不吃，可以用市售的喂食器喂它。配方饲料中还可以加入捣碎的水煮蛋。

饲养笼·饲料（成鸟）

鹌鹑是一种可在陆地上行走的鸟类，所以笼子可以不需要一般鸟笼都会配置的金属制接粪器，只要在笼子底部铺上报纸即可。笼子里除了必备的盛饲料和水的器皿，另外还需准备一个盒子，里面铺上撕碎的报纸，当作寝箱。

底部铺报纸

放入报纸碎片的寝箱

水

饲料

市售的鹦鹉配方饲料

剁碎的青菜

面包虫

饲料以市售的鹌鹑用配方饲料为主，加上有补钙作用的牡蛎粉和剁碎的青菜。另外可以喂面包虫当作餐间零食。

日常照顾

最好每天让它从笼子里出来活动，做做日光浴。在笼子上盖一块布，让它有遮阴的地方。

沙

透明塑料箱

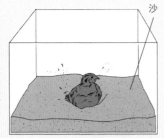

鹌鹑非常喜欢玩沙，可以准备一个透明塑料箱，放入市售的河沙，每天让它到里面玩一玩。要注意的是，将鹌鹑从笼子里放出来时，不要让它跑掉了。

鸭

饲养要诀

鸭的体型很大，养鸭的必要条件是宽广的空间。此外，鸭很喜欢戏水，还需要准备一个戏水池。鸭的叫声很大，这一点要让附近邻居理解。鹅的饲养方法和鸭相同。

如何取得

直接到鸟店去购买小鸭是最方便的。

饲养箱·饲料（雏鸭）

鸭还小的时候可以放在家中饲养，等到长大了，就需要放进大型纸箱里。纸箱的开口要低，并且里面要铺上碎报纸。夜晚要以宠物用电暖垫或是塑料瓶保温器帮它保暖。用雏鸡专用配方饲料搭配剁碎的青菜喂食。装饲料和饮水的器皿放在箱子的出入口旁边。

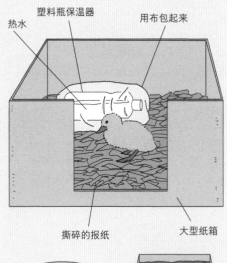

塑料瓶保温器

用布包起来

热水

撕碎的报纸

大型纸箱

雏鸡专用配方饲料

青菜

水

饲料

饲养场所．饲料（成鸭）

在休息或睡觉的地方铺上麦秆，盛装饮水和饲料的器皿放在固定的位置。最好还要设置一个戏水池，如果不方便施工，可以用吹气式的幼儿戏水池取代。因为池里的水很容易脏，要经常更换。以市售的鸡用配方饲料为主食，加上有补钙作用的牡蛎粉和剁碎的青菜。

屋顶

饲料

水

铺上麦秆

铁丝网

水池

牡蛎粉

鸡用配方饲料

剁碎的青菜

日常照顾

鸭子小的时候，可以用脸盆当作它的戏水池。因为还是有溺水的可能，要小心照顾。

脸盆

从很小的时候开始就可以让它跟在后面走，享受散步的乐趣，但要防范猫、狗的侵袭。

175

较难饲养的鸟类

饲养方法不明的鸟类

有时鸟店会贩卖一些新奇有趣的鸟类，但是如果店家不熟悉如何饲养，市面上又没有相关的参考书籍，最后一定会失败。所以选择时，要以饲养书中有详细介绍的鸟类为主。

无法适应气候的鸟类

温寒带地区输入以东南亚、非洲等温暖地区为原生地的鸟类，其中有些身强体壮，饲养起来非常轻松，有些则无法适应寒冷的天气。例如某些鹦鹉就很难饲养，选择时要多加考虑。

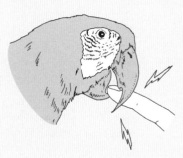

力气太大的鸟类

中型以上的鸟类，鸟喙强而有力，如果不小心被啄到，很容易受伤。刚开始尝试养鸟的人，最好避免选择这类的鸟。

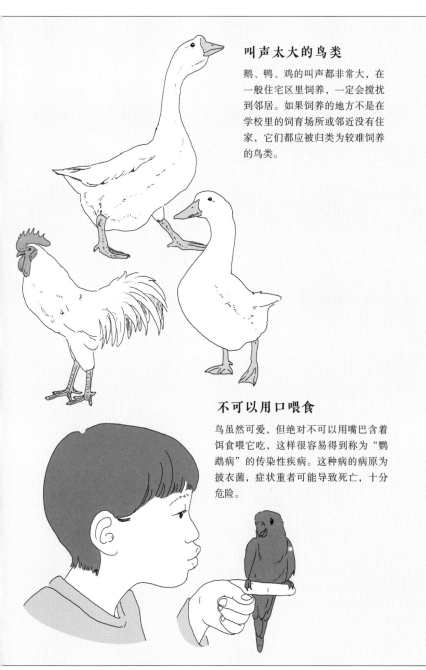

叫声太大的鸟类

鹅、鸭、鸡的叫声都非常大，在一般住宅区里饲养，一定会搅扰到邻居。如果饲养的地方不是在学校里的饲育场所或邻近没有住家，它们都应被归类为较难饲养的鸟类。

不可以用口喂食

鸟虽然可爱，但绝对不可以用嘴巴含着饵食喂它吃，这样很容易得到称为"鹦鹉病"的传染性疾病。这种病的病原为披衣菌，症状重者可能导致死亡，十分危险。

野鸟也可以饲养吗

随意捕捉、饲养野鸟是法律所禁止的。虽然我们经常可见鸟店里贩卖着白腹蓝鹟和山雀等野鸟，但那是人工繁殖出来的。唯有取得几个种类的野鸟许可证，才可以获准饲养的。

如果在山野间看见有野鸟的雏鸟从巢中摔落下来，可以找到它的巢穴后，趁母鸟不在的时候把它放回去。如果找不到巢穴，首先要想办法将雏鸟保温，然后以喂食器喂它市售的雏鸟专用饲料。当发现找不到自己的巢穴的雏鸟或受伤的野鸟，除了予以保温外，要立刻联络当地政府所属的动植物防疫所或保育单位，由该单位转介到野生动物保育中心、动物医院、动物园去接受保护或治疗。

就算可以轻易捕捉到野鸟，但它们的饲养方法有许多是我们所不了解的，不如就在大自然中欣赏它们的姿影吧！

白腹蓝鹟

山雀

大山雀

鱼·蟹等

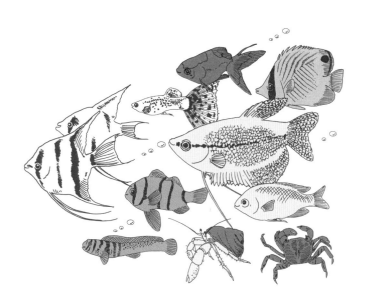

水生物的采集

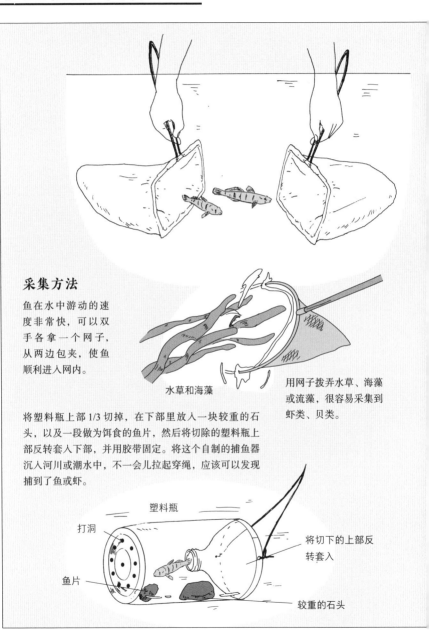

采集方法

鱼在水中游动的速度非常快，可以双手各拿一个网子，从两边包夹，使鱼顺利进入网内。

水草和海藻

用网子拨弄水草、海藻或流藻，很容易采集到虾类、贝类。

将塑料瓶上部1/3切掉，在下部里放入一块较重的石头，以及一段做为饵食的鱼片，然后将切除的塑料瓶上部反转套入下部，并用胶带固定。将这个自制的捕鱼器沉入河川或潮水中，不一会儿拉起穿绳，应该可以发现捕到了鱼或虾。

塑料瓶

打洞

将切下的上部反转套入

鱼片

较重的石头

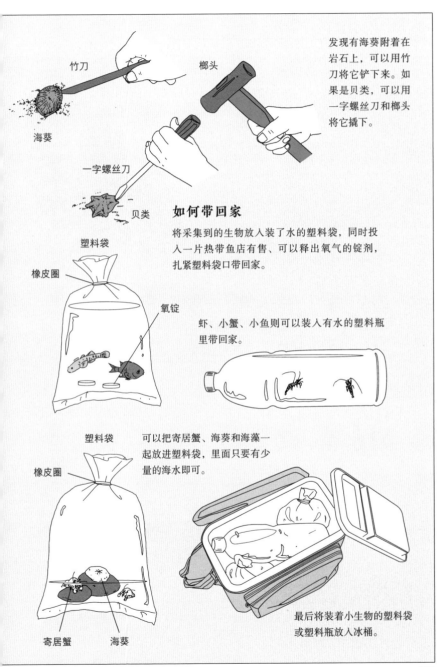

竹刀

海葵

榔头

一字螺丝刀

贝类

发现有海葵附着在岩石上，可以用竹刀将它铲下来。如果是贝类，可以用一字螺丝刀和榔头将它撬下。

如何带回家

将采集到的生物放入装了水的塑料袋，同时投入一片热带鱼店有售、可以释出氧气的锭剂，扎紧塑料袋口带回家。

塑料袋

橡皮圈

氧锭

虾、小蟹、小鱼则可以装入有水的塑料瓶里带回家。

塑料袋

橡皮圈

可以把寄居蟹、海葵和海藻一起放进塑料袋，里面只要有少量的海水即可。

寄居蟹   海葵

最后将装着小生物的塑料袋或塑料瓶放入冰桶。

水生物的饲养用具

准备基本用具

包括水槽、空气泵、过滤装置、水温计、加温器、控温器、荧光灯、氯气中和剂、人工海水素、网子、沙等。以上用具准备齐全，应可饲养大部分鱼类。

买组合商品更为方便

如果觉得所有用具都分别采购太过麻烦，可以购买水槽、空气泵、过滤器、加温器等组合商品，其他的再个别添购。

空气泵和悬吊式过滤器

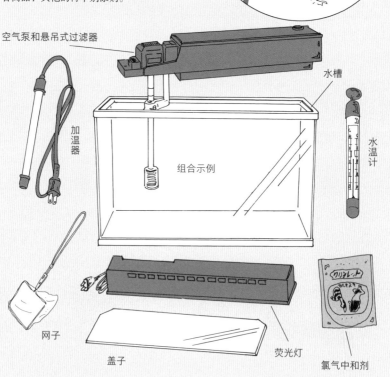

水槽

加温器

组合示例

水温计

网子

盖子

荧光灯

氯气中和剂

基本用具

1.水槽

用较便宜的塑料制饲养箱即可。如果是饲养热带鱼，并准备观赏用，可以选购玻璃制的或亚克力制的（长60厘米、高36厘米、宽30厘米）标准水槽。

60厘米水槽

36厘米

60厘米

30厘米

水槽的尺寸一般以最长的一边来表示。

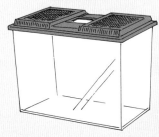

塑料制饲养箱

饲养的标准

水槽尺寸	金鱼数量
45厘米	8 ~ 10只
60厘米	10 ~ 15只
90厘米	15 ~ 30只

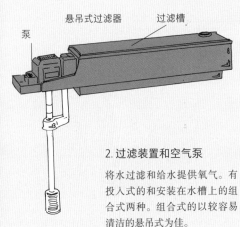

泵

悬吊式过滤器　过滤槽

空气泵

为了防止逆流，要装在水面以上

投入式过滤器

2.过滤装置和空气泵

将水过滤和给水提供氧气。有投入式的和安装在水槽上的组合式两种。组合式的以较容易清洁的悬吊式为佳。

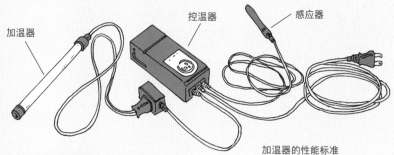

加温器　控温器　感应器

3. 加温器和控温器

饲养热带鱼时，秋季到冬季期间，为了使水温升高到适合状态，要使用加温器。加温器需连接到控温器使用。在水槽内，加温器和控温器的感应器尽量要分开安装。

加温器的性能标准

水槽	加温器电力
30厘米	75瓦
60厘米	150瓦
90厘米	200～300瓦

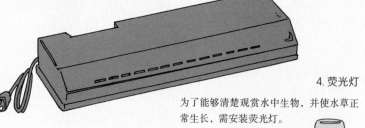

4. 荧光灯

为了能够清楚观赏水中生物，并使水草正常生长，需安装荧光灯。

5. 水温计

水温计可以用来确认水温是否合适。

6. 氯气中和剂·人工海水素

用于调整水质及制作饲养水。

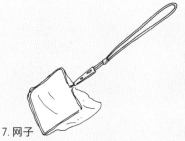

7. 网子

网子可以将水中生物快速捞起，移放到其他地方，也可以用来清除水中杂质和吃剩的食物。

8. 沙

用来分解粪便，或是专食饲料残渣的细菌栖地，以及种植水草时的必要物品。

其他用具

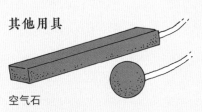

空气石

与空气泵连接使用，可将氧气打入水中。用于饲养鱼卵和幼鱼。

吸管

可用来将水中的食物残渣清除或喂食幼鱼。

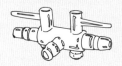

连接头

当一个空气泵要将空气送入两个水槽时，需要接上连接头。如果上面有可调节空气流量的阀门会更方便。

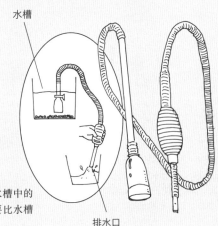

水槽

泵

欲抽出饲养水或清洗水槽中的沙子时使用。排水口要比水槽的位置低。

排水口

水生物的饲料

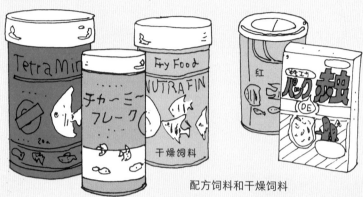

成体的饲料

配方饲料和干燥饲料

使用鳉鱼、热带鱼、乌龟专用，添加各种均衡营养素的配方饲料，或是将红虫干燥后制成的干燥饲料是最方便的。

空气泵

线蚯蚓　空气石

活生物饲料

如果所饲养的水生物不吃配方饲料，可改换新鲜的红虫或线蚯蚓。活生物饲料必须保存在有活氧机供氧的水里，并且尽快食用。

冷冻饲料

也有将红虫、线蚯蚓、丰年虾等冷冻制成的冷冻饲料，比活生物饲料容易保存。将饲料装在保存容器里，放入冰箱的冷冻室。

幼体的饲料

蛋黄和配方饲料的水溶液

将水煮蛋的蛋黄和配方饲料以水调成糊状后，以吸管喂食。

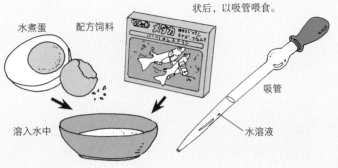

水煮蛋　　配方饲料

溶入水中

吸管

水溶液

丰年虾的幼体

丰年虾的幼体非常营养，可将丰年虾的卵孵化后取得。

在广口瓶里注入自来水，加入食盐，再将丰年虾的卵放进去。

杂鱼用饲料

丰年虾的卵

食盐

广口瓶

自来水

空气石

空气泵

用空气泵和空气石将空气送入水中。

大约24小时会孵化。关掉泵，用吸管将刚孵化的丰年虾幼体喂给所饲养的水生物。冬季时较难孵化，可购置孵化器。

饲养水的制作方法

淡水

晒1天太阳！

将自来水晒太阳

自来水中含有对水生物有害的氯。将自来水放在水桶里照射1天日光，可有效除氯。用这个方法制成的饲养水比购买氯气中和剂放入水中更好，也更适合水生物。

正确加入使用量

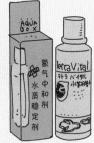

氯气中和剂

使用氯气中和剂

需要使用大量饲养水时，可将氯气中和剂放入自来水中除氯。氯气中和剂有液态和固态的，液态的比较方便。使用时不可凭感觉来估测用量，要遵照说明取出正确的用量。有的氯气中和液含有对鱼类有益的物质，并有中和自来水中有害金属、调整水质的功效。

海水

使用人工海水素

天然海水不易取得时，可在人工海水素中加入自来水制作出人工海水。使用时要依照说明加入正确的用量。人工海水有中和自来水中氯气的作用。

人工海水素

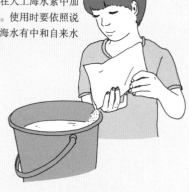

加入正确的用量

调整比重

自己制作的人工海水要以比重计测量比重。
海水的比重约 1.025，如果浓度过高，就加入清水，浓度不够时，就再添加一些人工海水素。

比重计

最初的水位

真的耶～

慢慢变少了！

水位下降时补充清水

水槽的水会渐渐蒸发，使海水变浓。将最初的水位高度做记号，下降的部分以除过氯的清水补充。

水槽的配置方法

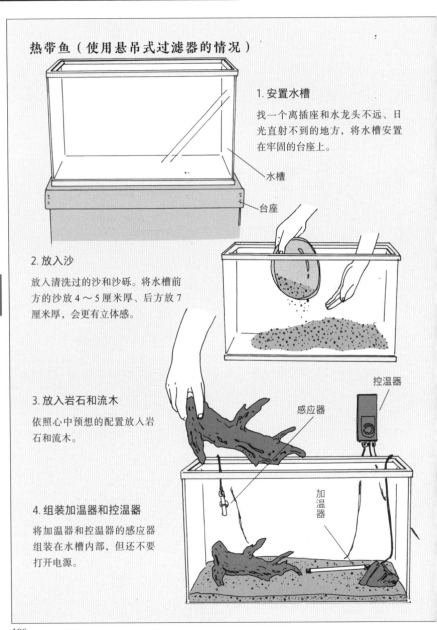

热带鱼（使用悬吊式过滤器的情况）

1. 安置水槽

找一个离插座和水龙头不远、日光直射不到的地方，将水槽安置在牢固的台座上。

水槽

台座

2. 放入沙

放入清洗过的沙和沙砾。将水槽前方的沙放4～5厘米厚、后方放7厘米厚，会更有立体感。

3. 放入岩石和流木

依照心中预想的配置放入岩石和流木。

4. 组装加温器和控温器

将加温器和控温器的感应器组装在水槽内部，但还不要打开电源。

控温器

感应器

加温器

5. 注入自来水，打开加温器

为了不使沙子散乱，注水前先在沙上放一个小碟子，然后将水管对准小碟子上方，徐徐注入自来水。依水量放入正确的氯气中和剂，打开加温器电源。

6. 种植水草

依照预先的规划在沙上种植水草，技巧是水槽前方种较矮的水草，后方种较高的水草。

氯气中和剂

在沙上放置
小碟子

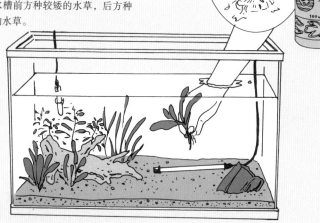

7. 安装悬吊式过滤器和荧光灯

在水槽内侧的前方安装荧光灯，后方安装悬吊式过滤器，并将电源打开。待水安定以后，将饲养的水生物放入。

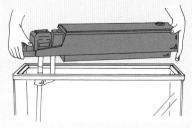

8. 放入所饲养的水生物

不要将刚买回来的水生物立刻倒入水槽中，可以让它们先隔着塑料袋适应一下水温。

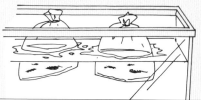

更换部分水的方法

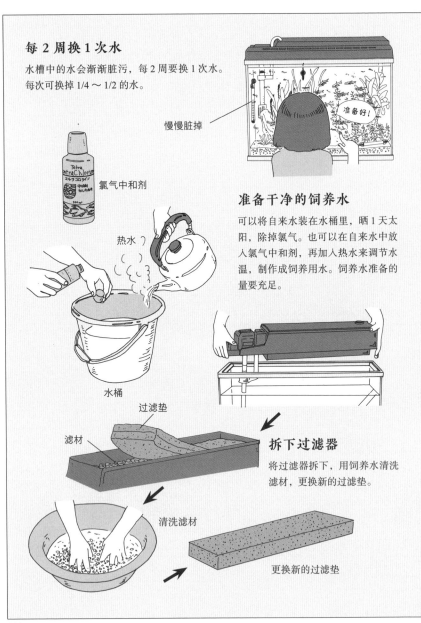

每2周换1次水

水槽中的水会渐渐脏污，每2周要换1次水。
每次可换掉1/4～1/2的水。

慢慢脏掉

氯气中和剂

热水

水桶

准备干净的饲养水

可以将自来水装在水桶里，晒1天太阳，除掉氯气。也可以在自来水中放入氯气中和剂，再加入热水来调节水温，制作成饲养用水。饲养水准备的量要充足。

过滤垫

滤材

拆下过滤器

将过滤器拆下，用饲养水清洗滤材，更换新的过滤垫。

清洗滤材

更换新的过滤垫

将水吸出，清洗水槽内壁

泵头上下调整到适合的高度，将混在沙砾中吃剩的
食物及残屑连同脏掉的水一起吸出来。水吸干后，
用专用的清洁海绵将水槽内壁清洗干净。

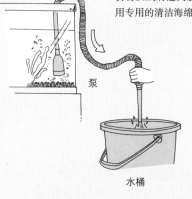

泵

水桶

专用清洁海绵

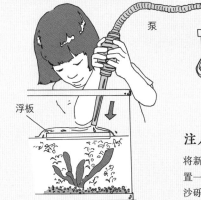

泵

浮板

饲养水

注入饲养水

将新的饲养水以泵注入。可先在水面上放
置一块浮板，从上方注水，以免水槽中的
沙砾被搅乱。

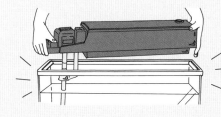

将过滤器装回原位

将清洗干净的滤材放回过滤
器，更换新的过滤垫，然后
将过滤器装回原位。

水槽大扫除的方法

拆下荧光灯和过滤器

首先拆下荧光灯和过滤器。将过滤器的滤材以饲养水清洗，并更换新的过滤垫。

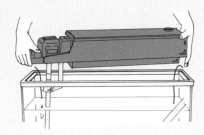

将鱼移至他处，拔起水草

准备一个容器，里面注入水槽里的水，用小网子将鱼捞起转移过去。将水草拔起，适度修剪一下。

哎哟！ 网子

水草

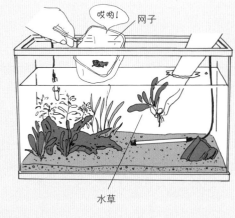

空气泵

水槽里的水

空气石

加温器和控温器等

拆下加温器和水温计

拔掉加温器和控温器的电源，并取出水温计、岩石、流木等。

流木等

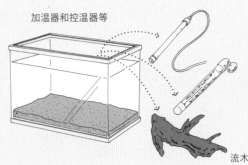

清洗各种器具

过滤装置、管子、加温器、流木等所有的器具。一边用刷子和海绵刷洗，一边用清水将污垢冲干净。

刷子
管子等
海绵

将水吸出，清洗水槽

用泵将水完全吸出，以专用清洁海绵擦洗水槽内壁。并用自来水清洗几次沙砾。

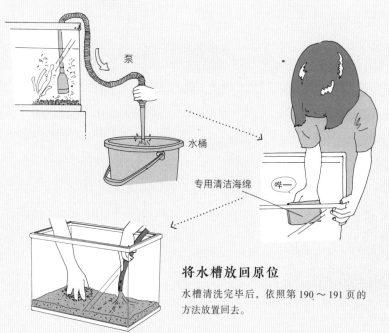

泵
水桶
专用清洁海绵
哗一

将水槽放回原位

水槽清洗完毕后，依照第190～191页的方法放置回去。

水草的培育方法

必要的用品

水草要进行光合作用才能够生长，此即安装荧光灯的目的之一。一个 60 厘米的水槽，至少要安装 20 瓦的荧光灯。另外要准备一把修剪水草的剪刀。肥料有埋在沙里的及溶在水里的。如果养的鱼数量较多，也可以不要肥料。

荧光灯

剪刀

肥料

种植方法

有茎类的水草

在长出叶子之下的 3 毫米处切断，摘除两组叶子后插入沙中，不久从叶子摘除的地方会长出根来。

切断

叶子以下 3 毫米处切断　　摘除两组叶子　　植入沙中

放射性的水草

将根剪到只剩 5 厘米，在沙面上挖个洞种进去，四周再用沙填满。

剪断

将根剪到只剩 5 厘米　　植入

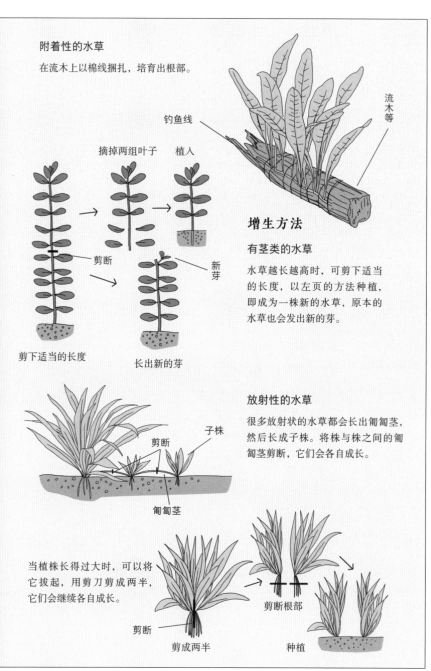

附着性的水草

在流木上以棉线捆扎，培育出根部。

钓鱼线

流木等

摘掉两组叶子　植入

剪断

新芽

剪下适当的长度

长出新的芽

增生方法

有茎类的水草

水草越长越高时，可剪下适当的长度，以左页的方法种植，即成为一株新的水草，原本的水草也会发出新的芽。

放射性的水草

很多放射状的水草都会长出匍匐茎，然后长成子株。将株与株之间的匍匐茎剪断，它们会各自成长。

子株

剪断

匍匐茎

当植株长得过大时，可以将它拔起，用剪刀剪成两半，它们会继续各自成长。

剪断根部

剪断

剪成两半

种植

鳉鱼

饲养要诀

鳉鱼属杂食性，对水温的变化和水质的脏污适应力很强，是一种很容易饲养的鱼类，不妨尝试让它产卵。

如何取得

野生鳉鱼经常成群集结在小溪或渠道上游动，用网子就可以捞得到，变种鳉鱼则可在水族店买到。最好是同时饲养雄鱼、雌鱼各 5 只。

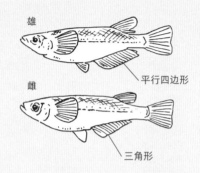

雄

平行四边形

雌

三角形

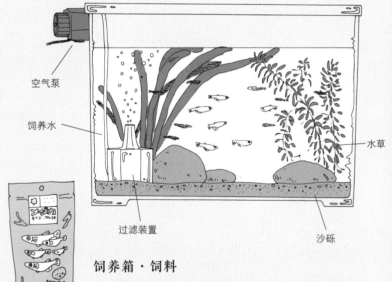

空气泵

饲养水

过滤装置

水草

沙砾

鳉鱼用配方饲料

饲养箱·饲料

在 30 厘米或 45 厘米的水槽底部铺上沙砾，并安装过滤装置，注入饲养水，种上水草。可用市售的鳉鱼饲料，每天喂食 1 次即可。

日常照顾

饲养水变少时

饲养水会自然蒸发而变少,当水变少了要补充。

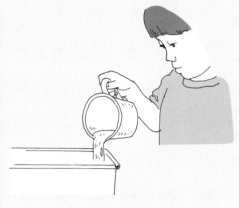

吃剩的饲料立刻清除

有时喂食的饲料即使已减少到半天份,但还是会剩下,此时可以用吸管将没有吃完的饲料吸出来。

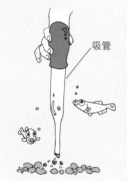

吸管

过滤装置和饲养水不要同时更换

为了保护能净化水质的细菌,不要同时置换已经污脏的过滤装置和新的饲养水,而要尽量将二者错开置换。

将自来水放在水桶里晒1天太阳,或是投入氯气中和剂,就成了饲养水。

投入式过滤装置　　互相交换　　饲养水

使卵孵化

雌鱼会在水草间产卵

当天气渐渐暖和，水温上升时，经常可见鳉鱼带着满腹的鱼卵在水中来回穿梭，不久便将卵产在水草之间。此时，可以将附有鱼卵的水草摘下来，移到别的饲养箱里。

卵

饲养水

空气泵

附有鱼卵的水草

过滤装置

沙砾

饲养箱（卵）

如果装有空气泵，更容易使卵孵化。准备一个30厘米的水槽，并且一切配置都和成鱼一样。将附有鱼卵的水草根部埋入沙砾里，大约2周即会孵化。

饲养箱·饲料（幼鱼）

将孵化出来的幼鱼继续留在同一个饲养箱里就可以了。幼鱼大约 2 个月可以长大为成鱼，需要注意的是，如果成长阶段饲料不足，体型比较不容易长大。当幼鱼长到有成鱼一半大的时候，就可以移回到成鱼的水槽里。

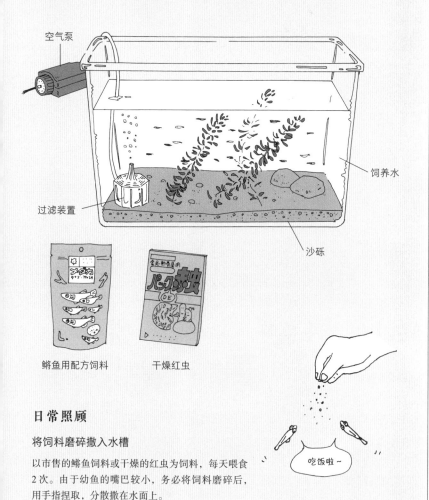

空气泵

饲养水

过滤装置

沙砾

鳉鱼用配方饲料　　　　干燥红虫

日常照顾

将饲料磨碎撒入水槽

以市售的鳉鱼饲料或干燥的红虫为饲料，每天喂食 2 次。由于幼鱼的嘴巴较小，务必将饲料磨碎后，用手指捏取，分散撒在水面上。

吃饭啦~

大肚鱼

饲养要诀

大肚鱼属杂食性，对水温的变化和水质的脏污适应力很强，是一种很容易饲养的鱼类。和鳉鱼不同的是，大肚鱼的雌鱼会在腹中将卵孵化，行卵胎生。当大肚鱼有生产迹象时，要将它移到另一个饲养箱。

如何取得

在小溪或渠道上，用网子就可以捞得到。鳉鱼和大肚鱼在外型上可以由尾鳍区分，鳉鱼呈三角形，大肚鱼则是圆形。雄大肚鱼的臀鳍变形为细长的交尾器，雌鱼的体型较大。

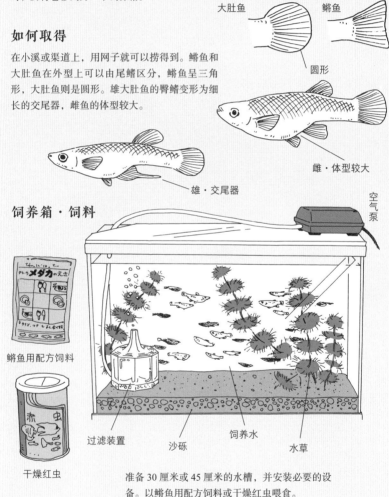

大肚鱼　鳉鱼

圆形

雄·交尾器

雌·体型较大

饲养箱·饲料

空气泵

鳉鱼用配方饲料

干燥红虫

过滤装置　　沙砾　　饲养水　　水草

准备 30 厘米或 45 厘米的水槽，并安装必要的设备。以鳉鱼用配方饲料或干燥红虫喂食。

202

日常照顾

雌鱼肚子变大时

准备一个新的水槽，里面放入一个称为"鱼圈"的器具。将雌鱼放入鱼圈里，鱼圈的底部有一条细缝，能让刚出生的幼鱼从底部的细缝滑出游入水槽中。

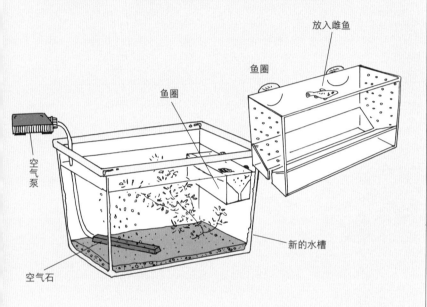

放入雌鱼

鱼圈

鱼圈

空气泵

新的水槽

空气石

吸管

拌入水煮蛋蛋黄的饲料

幼鱼出生后

将雌鱼移回原来的水槽，只将幼鱼留在新水槽饲养。一开始以蛋黄加水调成糊状，用吸管喂食幼鱼。待幼鱼长大一点后，改喂磨碎后的鳉鱼配方饲料。

金鱼·鲫鱼·鲤鱼

饲养要诀（金鱼）

是一种容易饲养的鱼类，但要尽量饲养在宽敞的水槽里。

金鱼

如何取得

可以到水族店选购有活力的金鱼。好好养它，是可以活很久的。

饲养箱·饲料

准备一个 45 厘米的水槽。喂食配方饲料即可。

金鱼饲料

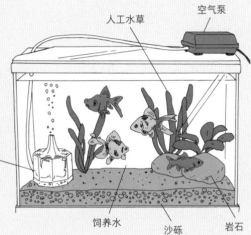

人工水草

空气泵

过滤装置

饲养水　　沙砾　　岩石

日常照顾

吃剩的饲料立刻清除

有时候即使只喂少量的饲料，还是吃不完。如果有这种情形，就用吸管把没吃完的食物吸出来。

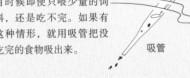

吸管

冬季也要让金鱼活动

冬季时水温降低，金鱼喜欢躲在水槽底部一动也不动。如果仍想欣赏金鱼游动的姿影，可以安装加温器和控温器，使水温升高到 15℃ 以上。

当金鱼嘴巴不停开合时

当金鱼张着嘴巴在水面上一开一合时，就表示水质已经很不好了，赶快更换干净的饲养水。

救命啊!　　好痛苦~

饲养要诀（鲫鱼·鲤鱼）

这两种鱼什么都吃，对恶劣水质的适应力也很强，算是很容易饲养的鱼类。因为体型会长得很大，最好养在较大的水槽里。

鲤鱼

如何取得

可以到水族店购买、到河边用网子打捞，或是用鱼竿来钓。选择体表美丽的鲤鱼。

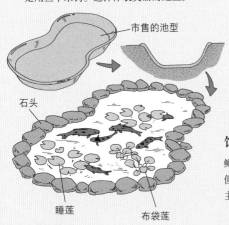

市售的池型

石头

睡莲　　　布袋莲

如何建造鱼池

先到市面上购买现成的水池模型，将底部埋在庭院中，注入自来水后放置1～2天将氯脱除。池子里可以放些种在盆子里的睡莲，或是漂浮水面的布袋莲。

饲料

鲫鱼和鲤鱼虽然什么都吃，但仍以配方饲料加上麦麸为主食。

日常照顾

夏季要搭建遮阴棚

夏天时日晒严重，要在池子的一侧搭上木板，让鲫鱼或鲤鱼有遮阴的地方。

木板

当水脏污时

如果鱼是养在屋外的水池里，基本上可以不必全部换水，只要用水桶舀出脏水，再加入新的水即可。因为不是大量换水，所以直接用自来水就可以了，而且也不需要除氯。

泥鳅

饲养要诀

泥鳅是很容易饲养的鱼类。由于它有潜入沙里的习性，因此水槽里的沙要尽量细。

如何取得

春天时到小溪边有水涌出的地方，先在下游张起网子，然后到上游用脚踩踏河底的沙或泥，将泥鳅往下游赶，就可以网到它。

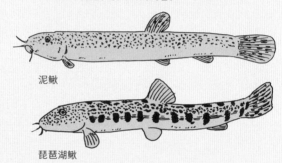

泥鳅

琵琶湖鳅

饲养箱·饲料

取一个 45 厘米的水槽，配备好需要的装置。因为泥鳅会在沙里反复地钻进钻出，所以不需要栽种水草。可以用配方饲料或线蚯蚓喂食。

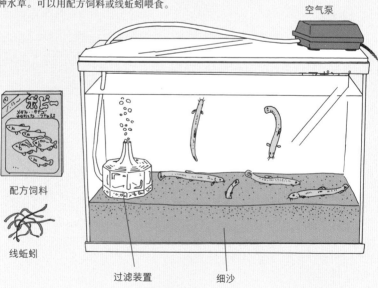

空气泵

配方饲料

线蚯蚓

过滤装置　　　细沙

日常照顾

和其他的鱼一起饲养

泥鳅喜欢沉在水底，饲养箱中如果只养泥鳅，会觉得上半部空荡荡的，不妨加入体型小、喜欢到处游动的鳉鱼混泳，更添乐趣。但要注意的是，需费心将饲料喂给总是停留在箱底的泥鳅。

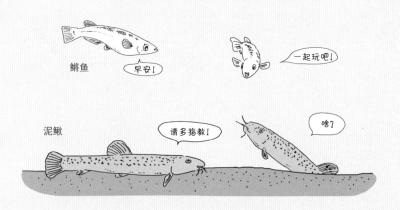

鳉鱼

早安！

一起玩吧！

泥鳅

请多指教！

啥？

冬季也要让泥鳅活动

冬季时水温降低，泥鳅喜欢躲在沙中或水槽底部一动也不动。如果仍想欣赏泥鳅游来游去的样子，可以安装加温器和控温器，使水温升高到15摄氏度以上。

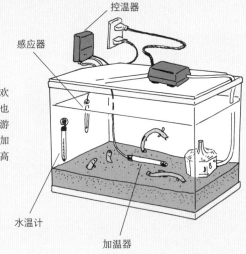

控温器

感应器

水温计

加温器

鳑鲏鱼

饲养要诀

成鱼比较容易饲养。鳑鲏鱼（牛屎鲫）会在二枚贝上产卵，并在贝中将卵孵化。出生不久后会在贝中长大，但二枚贝的饲养十分困难，也不容易繁殖。

如何取得

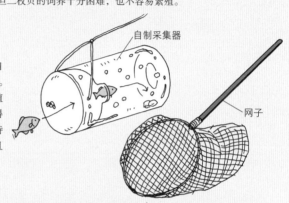

在小溪里放置网子或自置采集器，就可捞到。鳑鲏鱼在春天进入繁殖期，雄鱼的颜色会变得很美丽，雌鱼则仍维持原来不显眼的颜色，且体型也比较小。

自制采集器

网子

饲养箱·饲料

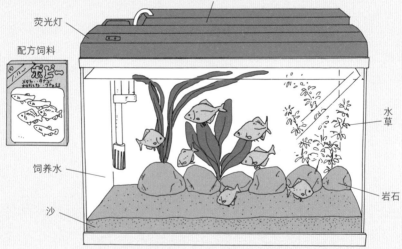

空气泵和悬吊式过滤器

荧光灯

配方饲料

水草

饲养水

岩石

沙

准备长 60 厘米的水槽，并安装必要的装置。饲料用配方饲料。如果要放入二枚贝，要以石头将沙和水草隔开。二枚贝的饲料可用市售的贝类专用饲料。

日常照顾

观察繁殖期

鳑鲏鱼的繁殖虽然十分困难，但也不妨抱着挑战的心态试试看。当雄鱼的身体变成耀眼的蓝或红的婚姻色，就表示繁殖期快到了。

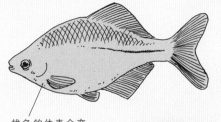

雄鱼的体表会变成婚姻色

放入二枚贝

接近鳑鲏鱼的繁殖期时，可以采集石贝和褶纹冠蚌等二枚贝放入水槽中。如果觉得采集贝类太麻烦，也可以直接到观赏鱼店购买。

石贝

褶纹冠蚌

产卵后

雌鱼会伸出产卵管，将卵产在贝里，雄鱼再把精子射进去。当雌鱼将产卵管缩回去时，即可将二枚贝移到别的水槽中。在贝中孵化的幼鱼3周后会从贝里出来。可以用配方饲料和丰年虾喂食。

雄

雌

产卵管

二枚贝

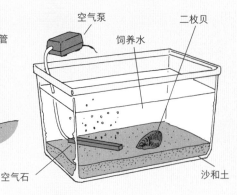

空气泵

饲养水

二枚贝

空气石

沙和土

罗汉鱼·诸子鱼·溪哥

饲养要诀

对水温变化的适应力很强，十分容易饲养。但饲养场所要尽量宽敞。

如何取得

在小溪或田间渠道放置网子或自制采集器，即可捞捕到。

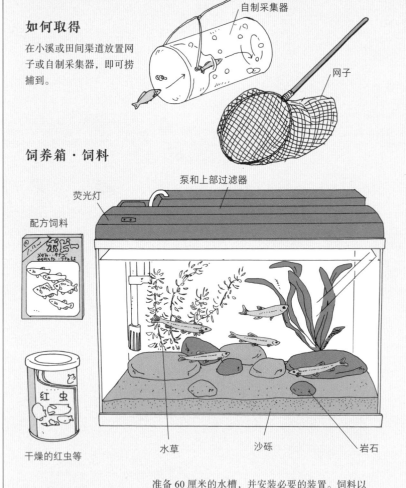

自制采集器

网子

饲养箱·饲料

配方饲料

泵和上部过滤器

荧光灯

干燥的红虫等

水草　　　　　沙砾　　　　岩石

准备 60 厘米的水槽，并安装必要的装置。饲料以配方饲料为主，偶尔可搭配红虫或线蚯蚓。

日常照顾

如何协助产卵（罗汉鱼、诸子鱼等）

要使罗汉鱼、诸子鱼能够顺利产卵，可以在水槽中放入一块平坦的石头，或是竖立一根塑料管，它们便会到石头或塑料管表面产卵。由于雄鱼会照顾卵，所以不将卵移到别的水槽也没关系。

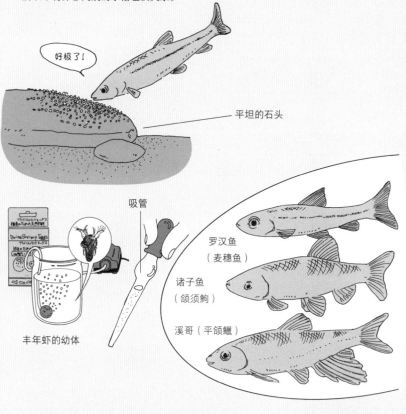

好极了！

—— 平坦的石头

吸管

丰年虾的幼体

罗汉鱼
（麦穗鱼）

诸子鱼
（颌须鮈）

溪哥（平颌鱲）

幼鱼出生后

幼鱼出生后，可以放在另一个水槽中饲养。饲料最好是丰年虾的幼体，可以用吸管喂食。等到再长大一点，可改用配方饲料，用手指均匀撒在水面。

配方饲料

河蟹·河虾

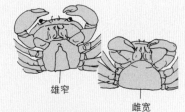

饲养要诀（河蟹）

饲养河蟹不需太多水，但如果不经常换水，很容易发出臭味，这一点需要特别注意。

雄窄

雌宽

如何取得

河川上游水边较阴凉的地方或岩石下，经常可以发现河蟹。雌蟹腹部比雄蟹宽大。

饲养箱·饲料

多放些石头在水槽里，搭建出可以躲藏的地方。饲料包括米饭、小鱼干、线蚯蚓等，最好放在小碟子里，傍晚时喂食。

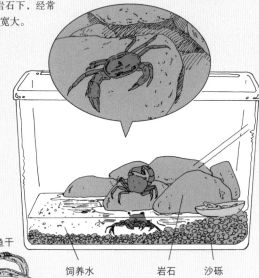

饲料

线蚯蚓　　　米饭　　　小鱼干

饲养水　　　岩石　　　沙砾

日常照顾

吃剩的饲料立刻清除

因为水槽里不是很清洁，吃剩的食物最晚要在隔天早上清除。

饲养在气温变化小的地方

水槽的温度不要太热也不要太冷，最好是放在温度变化小的场所。

雌蟹抱卵时

夏天是河蟹产卵的季节，不妨仔细观察雌蟹有趣的抱卵行为。大约 1 个月后小蟹会出生。

饲养要诀（河虾）

可以在水槽中多种些水草，让河虾有遮蔽的地方。如果和其他的鱼一起饲养，不要忘了安装过滤装置。

网子　　　　鱼圈

如何取得

将池塘和河川中的水草连同根部一起拔起，或是在傍晚时将鱼圈放入池塘或河川中，第二天回收时一定可以采集到条虾或沼虾。

饲养箱·饲料

在水槽中放入流木及多量的水草。沼虾会吃水草上的青苔，条虾可以喂食配方饲料。

饲养水　　流木　　水草　　沙砾

哈喽！

哟呀！

过滤装置　　空气泵

日常照顾

和其他的鱼一起饲养时

水槽中只饲养河虾是十分单调的，为了更增添趣味，可以放入鳉鱼等小型鱼类，但需要安装过滤装置。

雌虾腹部有大量卵时

当雌虾腹部里有大量的卵时，可将它移到别的水槽里。孵化后会生出外型像水蚤的幼体。可将配方饲料调水后用吸管喂食。

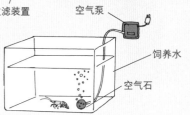

饲养水

空气石

美国螯虾

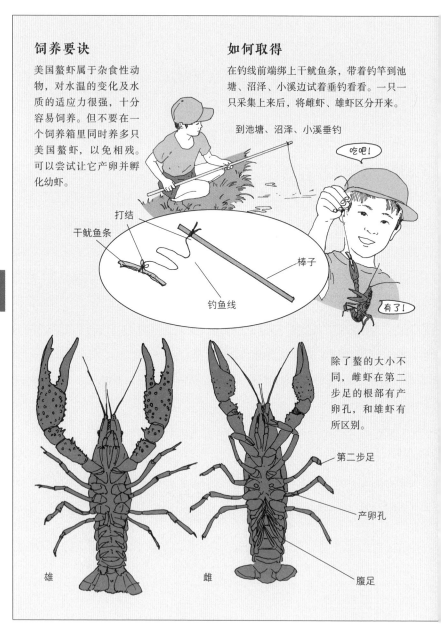

饲养要诀

美国螯虾属于杂食性动物，对水温的变化及水质的适应力很强，十分容易饲养。但不要在一个饲养箱里同时养多只美国螯虾，以免相残。可以尝试让它产卵并孵化幼虾。

如何取得

在钓线前端绑上干鱿鱼条，带着钓竿到池塘、沼泽、小溪边试着垂钓看看。一只一只采集上来后，将雌虾、雄虾区分开来。

到池塘、沼泽、小溪垂钓

吃吧！

打结

干鱿鱼条

棒子

钓鱼线

有了！

除了螯的大小不同，雌虾在第二步足的根部有产卵孔，和雄虾有所区别。

第二步足

产卵孔

雄

雌

腹足

饲养箱·饲料

在 45 厘米的水槽底部，放入厚 4～5 厘米的沙砾，并安装空气泵和空气石。注入已除氯的水，种植一些水草，配置破掉的钵盆和流木，当作螯虾的遮蔽所。饲料可用市售的螯虾饲料、莴苣等青菜、小鱼干、吐司、鱼片等。很多螯虾也会吃水草。

空气泵

水草

饲养水

破掉的钵盆

空气石

沙砾

莴苣等青菜

市售的螯虾饲料

吐司

日常照顾

换水

吃剩的饲料要立刻清除，不然水质会越来越差。此外，还要经常换水，保持饲养箱的清洁。

如何使卵孵化

雌虾产卵后

雌虾在春季到秋季产卵，如果发现雌虾腹足周围附着许多紫色的卵，就把它移到别的饲养箱。

卵

饲养箱

准备一个 30 厘米的水槽，装上空气泵和空气石，注入饲养水，在沙上放置破掉的钵盆当作遮蔽所。饲料可以和之前相同，不需要改变。要注意的是，需经常换水。

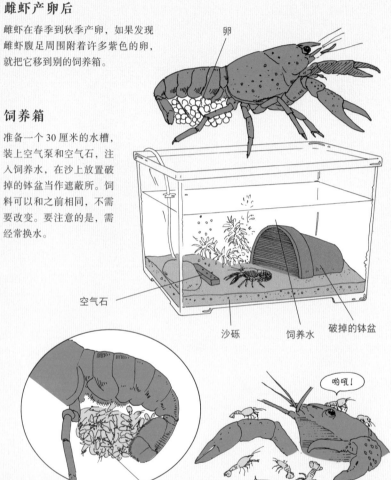

空气石

沙砾　　饲养水　　破掉的钵盆

幼虾

哟吼！

哇啊！

日常照顾

卵产出后大约 2 周会孵化。螯虾的雌虾和幼虾之间有线相互联结。

当幼虾开始渐渐离开雌虾时，可将雌虾移回原本的饲养箱，只留下幼虾继续饲养。

如何饲养幼虾

饲养箱·饲料

可以和雌虾、雄虾饲养在同一个饲养箱里，并喂给相同的饲料就
可以了。幼虾会随着几次的蜕皮渐渐成长。

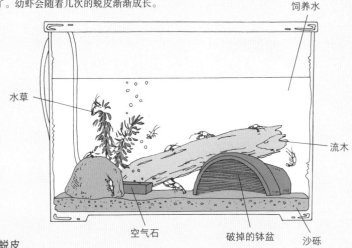

饲养水

水草

流木

空气石

破掉的钵盆

沙砾

注意蜕皮

幼虾会一边进行蜕皮、一边成长。蜕皮的时候，幼虾是完全不动的，此时如果周遭
环境有太大的变异，会影响蜕皮顺利进行。蜕下的皮不要捞出来丢弃，因为幼虾会
将它吃掉。蜕皮的时候经常会发生彼此相残的情形，需要特别注意。

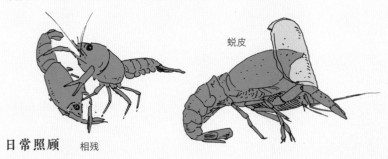

蜕皮

日常照顾　相残

注意是否有相残的情形发生

幼虾随着成长，会开始互相打斗，此时只要留下欲饲养的数量，其他的请做妥善处
理。注意，不要放生，螯虾习性凶猛，繁殖能力强，会对当地生态系统造成威胁。

217

孔雀鱼·日光灯鱼·老鼠鱼

饲养要诀

雄 颜色鲜艳

雌 颜色暗淡

日光灯鱼（霓虹脂鲤）

虽然体型很小，但十分容易饲养。最适合的水温为 20～25 摄氏度。由于不耐高温，夏季时须特别注意。

孔雀鱼

是一种饲养起来很轻松的鱼。最适合的水温为 20～25 摄氏度。幼鱼会接连不断地出生，小心数量增加得太快。

老鼠鱼（兵鲶）

是一种体型小、性格温和的鱼类。喜欢往水底游，可以在水槽中铺些圆形的小石头，但不要种植太多水草。水温 20～25 摄氏度最为适合。

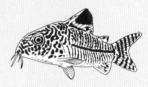

雌鱼的体型较大（三线兵鲶）

如何取得

直接到水族店选购色彩美丽、有活力的鱼只。

孔雀鱼

在 45 厘米的水槽里可同时饲养 10 只左右，雌雄各半。

日光灯鱼

雌雄数量平均，一次饲养 20 只以上，让饲养箱看起来很热闹。

老鼠鱼

喜欢结为群体，雌雄加起来一次饲养 5 只以上。

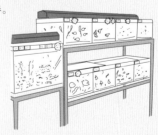

饲养箱·饲料

孔雀鱼

45～60厘米的水槽，水温控制在20～25摄氏度。可用配方饲料或冷冻红虫喂食。

日光灯鱼

45～60厘米的水槽，水温控制在20～25摄氏度。可用配方饲料或线蚯蚓喂食。

老鼠鱼

如果只养老鼠鱼，45厘米的水槽就够用了。水温在22～25摄氏度最为合适。
可用线蚯蚓或市售的配方饲料喂食。

空气泵　　荧光灯　　悬吊式过滤器

控温器

水温计

饲养水

加温器

沙砾　　水草

配方饲料　　冷冻红虫　　线蚯蚓

不要喂太多饲料，1天喂2次即可，每次只给需要的量。

如果让刚繁殖出来的幼鱼留在原来的水槽里，很可能被雄鱼、雌鱼吃掉。因此幼鱼在长大前要分开饲养。

日常照顾

孔雀鱼

当雌鱼腹部日渐膨大时，将它移到另一个水槽里，并在里面放置称为"鱼圈"的器具。雌鱼在鱼圈里生出的小鱼，可以从鱼圈底部的细缝游出去。秋季到冬季，打开加温器和控温器。

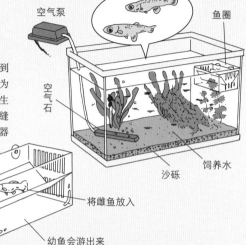

空气泵

鱼圈

空气石

饲养水

沙砾

鱼圈

将雌鱼放入

幼鱼会游出来

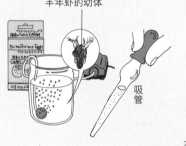

丰年虾的幼体

吸管

幼鱼出生后，将雌鱼移回到原来的水槽，让幼鱼单独在新的水槽里长大。一开始可以喂丰年虾的幼体，或以水调配方饲料后用吸管喂食。再长大一点，可将配方饲料用手指捻碎，均匀撒在水面上喂食。

日光灯鱼

接近繁殖期时，将2只雄鱼、1只腹部膨大的雌鱼移到另一个较小的水槽，雌鱼会在水草上产卵。产卵后，将雄鱼、雌鱼都移回原来的水槽。卵很快会孵化。秋季到冬季，打开加温器和控温器。

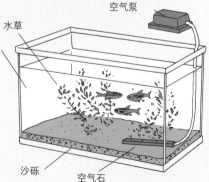

空气泵

水草

饲养水

沙砾

空气石

当幼鱼游出来以后，可以在水槽里放个破掉的钵盆，当作幼鱼的遮蔽所。可用丰年虾的幼体喂食，成长后将配方饲料用手指捻碎，均匀撒在水面上喂食。

可以躲进去

破掉的钵盆

将配方饲料磨碎

丰年虾的幼体

老鼠鱼

老鼠鱼喜欢停留在水底，会使水槽上部看起来很单调。准备 60 厘米的水槽，同时放入会到处游动的孔雀鱼和日光灯鱼混泳，能够增添观赏的乐趣。但要费心的是，需将饵料喂给总是停留在箱底的老鼠鱼。

皇冠草等的水草

老鼠鱼会在叶面宽大的水草上产卵，将附着卵的水草移到新的水槽里种植。

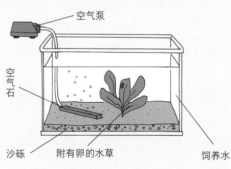

空气泵

空气石

沙砾　　附有卵的水草　　　饲养水

丰年虾的幼体

将附有鱼卵的水草种在沙砾后，鱼卵 3 天左右就会孵化。孵化后的幼鱼可喂食丰年虾的幼体，稍大一点可喂食磨碎的配方饲料。秋季到冬季，打开加温器和控温器。

神仙鱼

饲养要诀

很容易饲养，但是要注意水槽里的水是否干净。如果要让它产卵的话，须另外准备一个水槽。

如何取得

可直接到水族店购买雄鱼、雌鱼共5只左右。选择鱼鳍长而完好的鱼只。

选择鱼鳍完好的

饲养箱·饲料

荧光灯　　空气泵　　悬吊式过滤器

控温器

线蚯蚓

水温计

TetraMin

配方饲料　　饲养水　　沙砾　　水草　　加温器

将 60 厘米的水槽温度控制在 25 ～ 26 摄氏度。饲料可用配方饲料或线蚯蚓。

日常照顾

当配对鱼出现时

如果两只神仙鱼开始追赶其他的鱼时，很可能是它们即将交配。此时可将这两只鱼移到繁殖用水槽。

准备新的水槽

准备好新的水槽，将配对的鱼移过去。雌鱼会将卵产在水草上或泵的水管表面，不妨种植叶面较大的水草。秋季到冬季，打开加温器和控温器。如果配对的鱼是在原来的水槽中产卵，就把其他的鱼移到新的水槽。

空气泵

饲养水

空气石

水草

沙砾

幼鱼出生后

雌鱼会保护卵和刚出生的幼鱼。幼鱼游出来后，喂食丰年虾的幼体或幼鱼饲料。可以暂时将幼鱼和雌鱼养在一起，但如果发现雌鱼吃幼鱼的现象，则将雌鱼放到别的水槽去。

丰年虾的幼体和幼鱼饲料

四间鱼

饲养要诀

四间鱼（虎皮鱼）算是一种十分容易饲养的鱼，即使水质不好也无所谓，不需要太费心经常换水。因为很喜欢追赶其他的鱼，最好是单独饲养。

选择体表完整的鱼

如何取得

到水族店一次购买雄鱼、雌鱼共10只。选择体表完好的。

控温器

悬吊式过滤器

荧光灯

空气泵

感应器

水温计

饲养水

水草

加温器

沙砾

冷冻红虫

配方饲料

饲养箱 · 饲料

将60厘米的水槽温度控制在20～26摄氏度。可用配方饲料或冷冻红虫喂食。

TetraMin

日常照顾

每周 1 次更换部分的水

虽然四间鱼对恶质的水适应力颇强，
但最好还是每周 1 次更换 1/4 ～ 1/3 的水。

泵

协助配对

到了繁殖期，体表已经呈现婚姻色的
雄鱼，会开始追赶腹部膨大的雌鱼。
将其中精力最旺盛的雄鱼和雌鱼一同
移到繁殖用水槽。

空气泵

雄

婚姻色

头部和尾鳍的一部分呈现
浅浅的橙色，背鳍和腹鳍
的边缘变成深橘色。

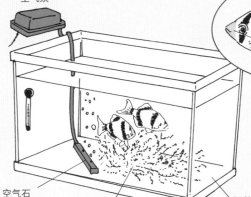

空气石

莫斯水草

饲养水

水槽中可以种植莫斯水草当作四间鱼的产卵所。秋
季到冬季，打开加温器和控温器。产卵后，将雌鱼
移回原本的水槽。

幼鱼出生后

卵 1 天即可孵化，幼鱼大约 2 天就会游泳。
可用丰年虾的幼体喂食，长到较大时，可改
为磨碎的配方饲料。

丰年虾的幼体

225

雀鲷·蝴蝶鱼

饲养要诀（雀鲷）

是一种美丽的海水鱼，但如果生活在恶质的水中，身体的颜色会变得暗沉。

体表没有受伤的

（蓝绿光鳃雀鲷）

如何取得

可以到水族店选购身体完好无损的鱼。夏季到秋季，在海滨用网子就可以采集到。

饲养箱·饲料

在 80 厘米的水槽中饲养 4～5 只，水温控制在 24～28 摄氏度。可以用配方饲料或丰年虾的幼体喂食。

荧光灯　空气泵　悬吊式过滤器　控温器

附有海藻的岩石

海水

珊瑚沙

加温器

日常照顾

产卵

如果开始躲进荣螺的壳中，很可能就要产卵了。

将卵移开

由于幼鱼会被雌鱼吃掉，因此产下的卵最好移到别的水槽去。幼鱼可喂食磨碎的配方饲料。

开始抢地盘时

幼鱼随着成长会开始彼此争夺势力范围，较弱势的鱼会逃开躲到隐蔽的地方，此时需注意的是，要费心将饲料喂给它们。

配方饲料

丰年虾的幼体

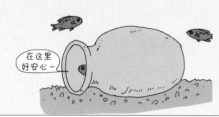

在这里好安心～

饲养要诀（蝴蝶鱼）

身体扁平的可爱海水鱼向来是极受欢迎的鱼种，其中有吃珊瑚虫的肉食性鱼种，以及杂食性的海水鱼，以杂食性的较容易饲养。

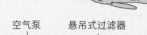

人字蝶
（扬旛蝴蝶鱼）

选择不要太瘦弱的

如何取得

在 90 厘米的水槽饲养 4～5 只。可直接到水族店购买体型不要太瘦弱的。

饲养箱

将 90 厘米水槽的温度控制在 23～25 摄氏度。

饲料

杂食性鱼种

因为 1 次只吃一点点，可将片状的配方饲料 1 天分成几次喂食。如果吃得很好，之后就不会有问题了。

肉食性鱼种

将蛤蜊、虾、小鱼等切成小块，用研磨钵磨成糊状，放进蛤蜊的壳里，慢慢沉入水槽中喂食。

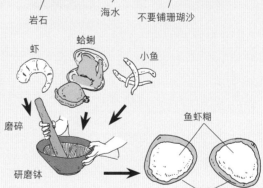

空气泵　悬吊式过滤器　控温器

荧光灯

附有海藻的岩石

岩石　海水　不要铺珊瑚沙

虾　蛤蜊　小鱼

磨碎

研磨钵

鱼虾糊

蛤蜊的壳

日常照顾

经常换水

因为必须反复喂食，水槽里的海水很容易就脏了。海水要每周更换 1 次，每次换掉 1/3～1/2 的水量。

狗鮻·狗甘仔·太平洋长臂虾

饲养要诀（狗鮻·狗甘仔）

生活在海潮积滞的地方，对水温变化的
适应力很强。

狗鮻（美肩鳃鳚）

狗甘仔（尾纹裸头鰕虎鱼）

如何取得

可以到海潮积滞的地方，用网子采集。

饲养箱·饲料

配方饲料

蛤蜊

空气泵　　　悬吊式过滤器

荧光灯

水温计

水温计

岩石　　珊瑚沙　　　贝壳

海水

在 60 厘米的水槽中放入细的珊瑚沙。可以用配方饲料或切碎的蛤蜊喂食。
冬季时打开加温器，水温控制在 20 ～ 25 摄氏度。

日常照顾

搭建遮蔽的场所

将几块岩石搭在一起、剪一段橡胶
管，或是利用蛤蜊的空壳或卷贝，
制造遮蔽所。

橡胶管

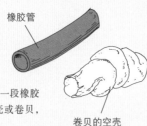

卷贝的空壳

每周 1 次更换部分的海水

狗甘仔类的水生动物
喜欢新鲜干净的海水，
1 周换 1 次水，每次换
掉 1/3 ～ 1/2。

饲养要诀

（太平洋长臂虾）

任何饲料都可以接受，对水温的变化有很强的适应力，十分容易饲养。

太平洋长臂虾

繁殖十分困难。

如何取得

春天到夏天，拿着网子到海滨有海藻生长的地方，应该可以采集到太平洋长臂虾。

到海藻多的地方捕捞

网子

饲养箱·饲料

将岩石连同附着的海藻放入水槽，并组合出可以躲藏的遮蔽处。饲料可用无脊椎动物专用的配方饲料或切碎的蛤蜊。冬季时打开加温器，水温控制在 20 ～ 25℃。

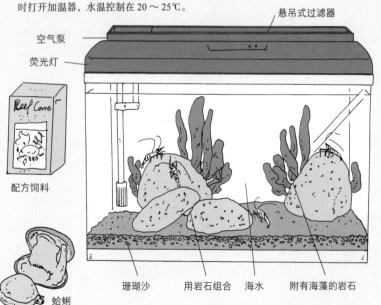

悬吊式过滤器

空气泵

荧光灯

配方饲料

蛤蜊

珊瑚沙　　用岩石组合　　海水　　附有海藻的岩石

海葵·海星·岩蟹

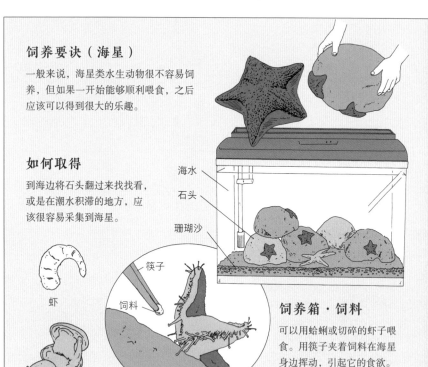

饲养要诀（海星）

一般来说，海星类水生动物很不容易饲养，但如果一开始能够顺利喂食，之后应该可以得到很大的乐趣。

如何取得

到海边将石头翻过来找找看，或是在潮水积滞的地方，应该很容易采集到海星。

海水
石头
珊瑚沙

筷子
饲料

虾

蛤蜊

饲养箱·饲料

可以用蛤蜊或切碎的虾子喂食。用筷子夹着饲料在海星身边挥动，引起它的食欲。

饲养要诀（海葵）

对水温的变化适应力很强，十分容易饲养。

海葵
竹刀

如何取得

到海滨的岩石上找找看是否有海葵附着。可以用竹刀将它撬下，再让它吸附在平坦的石头上，放进有水的桶里带回家。

水桶
平坦的石头

饲养箱·饲料

在水槽里放入石块，并
互相堆叠。将海葵连同
所吸附的石头一起放进
去。可用丰年虾的幼体
或切碎的虾子放在海葵
触手中心喂食。

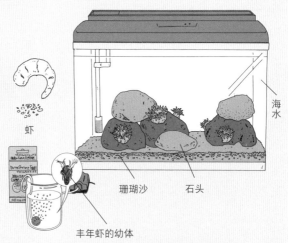

虾

海水

珊瑚沙　　石头

丰年虾的幼体

饲养要诀（岩蟹）

什么食物都吃，算是很好饲
养的水中生物。要在水槽里
搭叠出隐蔽的场所。

如何取得

岩蟹可以在海滨的岩石堆中采集。因为刚出生的
幼蟹很难饲养，最好是采集腹部抱卵的雌蟹。

饲养箱·饲料

水槽里只要注入半满的海水，让岩石可以露出水面。
饲料可以用切碎的蛤蜊和虾子。

（粗腿厚纹蟹）

海水

露出水面

蛤蜊

虾

过滤装置　　珊瑚沙

231

寄居蟹

饲养要诀

有生活在陆地上的寄居蟹，和生活在海里的寄居蟹。二者都是杂食性的，很容易饲养。

如何取得

海生的寄居蟹可以在春季至夏季到海边采集。陆生的寄居蟹可直接到水族店购买。

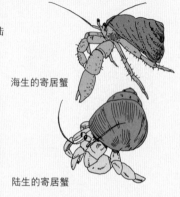

海生的寄居蟹

陆生的寄居蟹

海生的寄居蟹可到海边采集

饲养箱·饲料（海生寄居蟹）

在水槽中配置一些石头，做出几处遮蔽所。可用无脊椎动物专用配方饲料喂食。

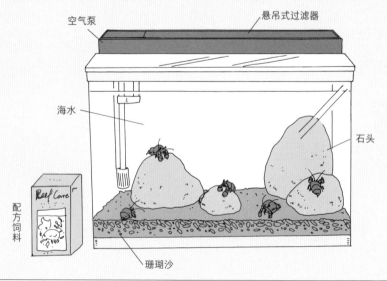

空气泵

悬吊式过滤器

海水

石头

配方饲料

珊瑚沙

海生寄居蟹的卵孵化后

如果采集到的是腹部抱卵的海生雌寄居蟹，很有可能孵化出幼蟹。但由于它都是在1～2月寒冷的季节孵化，如果一直放在室温中，孵化的可能性较低，而且幼蟹也不容易养活。如果孵化成功了，将幼蟹移到广口瓶里饲养。可用配方饲料或用水调成的蛋黄糊喂食。

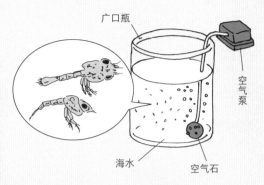

广口瓶

空气泵

海水

空气石

饲养箱·饲料（陆生寄居蟹）

在水槽里放入流木和破掉的钵盆。可用黄瓜、小鱼干在傍晚喂食，隔天早上清除吃剩的残渣。

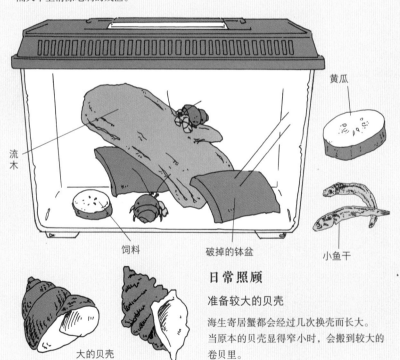

黄瓜

流木

饲料

破掉的钵盆

小鱼干

日常照顾

准备较大的贝壳

海生寄居蟹都会经过几次换壳而长大。当原本的贝壳显得窄小时，会搬到较大的卷贝里。

大的贝壳

水母

饲养要诀

水温控制在 20 ~ 25 摄氏度。夏季尽量将水槽放在凉快的地方。采集或日常照顾水母时，要戴保护手套。

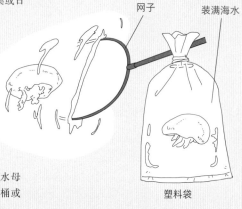

网子

装满海水

塑料袋

如何取得

水母经常漂浮于防波堤和海边，可以用网子捞捕。将采集到的水母放入装满海水的塑料袋，用水桶或冰桶带回家。

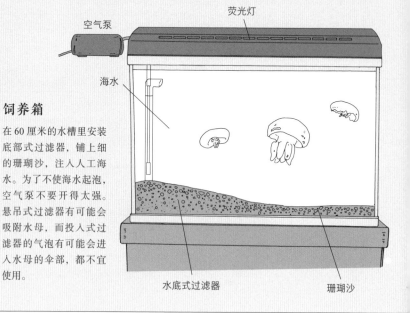

空气泵

荧光灯

海水

饲养箱

在 60 厘米的水槽里安装底部式过滤器，铺上细的珊瑚沙，注入人工海水。为了不使海水起泡，空气泵不要开得太强。悬吊式过滤器有可能会吸附水母，而投入式过滤器的气泡有可能会进入水母的伞部，都不宜使用。

水底式过滤器

珊瑚沙

饲料

在水槽内喂食，海水很容易变脏，因此改在水槽外喂食。取一个大碗，装入水槽里的海水，再用小碗将水母舀出来倒入大碗中。可用刚孵化的丰年虾，或是蛤蜊剁碎捏成的肉丸喂食，1天1～2次以吸管挤在水母的触手上。喂食完成后，将水母再放回原来的水槽。大碗里的海水倒掉，重新加入调配好的人工海水。

小碗

水槽的海水

吸管

大碗

挤在触手上

蛤蜊剁碎后捏成丸子

丰年虾

日常照顾

每2周1次，换掉部分的水

水母对不干净的水抵抗力很弱。每2周需要换1次海水，每次换掉1/3。换水时将水母放在大碗里。

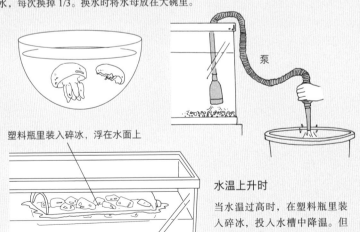

塑料瓶里装入碎冰，浮在水面上

泵

水温上升时

当水温过高时，在塑料瓶里装入碎冰，投入水槽中降温。但要注意的是，塑料瓶不要装满，以使其浮在水面上。

如何使水生动物活得更久

要使水生动物活得更好、更久，最重要的就是水质的管理。

水生动物一开始放入水槽时，或是彻底清洁水槽过后，都不要在水槽安置后立刻将水生动物放进去，而要等到饲养水放置一段时间，状况都稳定了，才将所要饲养的生物慢慢放入。

养了水生动物的水槽里，饲养水很快就会变脏。变脏的原因不外乎吃剩的食物残渣和水生动物所排出的粪便。在大自然的环境中，这些废物会被细菌等微生物或称为"清道夫"的动物、植物所吸收或分解。水槽是人工环境，没有大自然的机制，完全要靠饲养生物的人定时清理水中的杂质或是换水。

特别是喜欢生活在干净水质中的热带鱼，为了给它们一个舒适的环境，不妨到水族店购买可以净化水质的专用药品。

有时可以看到水槽的玻璃上附生着青苔，那表示水质良好，而且青苔也有使水洁净的作用。但如果长得太多、太厚，会让水槽看起来不干净，所以必要时还是要清扫一下。

栽培

※ 各种植物的播种期、生长期、开花期与收成期，因地区而
各不相同。较寒冷的地方会晚些，较暖和的地方则早些。

栽培器具·用具

准备方法

以下是植物栽培时会用到的器具，若是一次购买齐全，有的短期内可能用不到。不妨从栽培各种植物的过程中，视情况需要慢慢添购。

栽培槽

钵盆

盛水盘

塑料衬盆

※ 该部分称为洒水口。

洒水壶

尖嘴壶

锄头

※ 耕作或垦田时才需要用到锄头。如果只是要将土翻松，初学者可以用四叉的犁型锄头。

喷筒

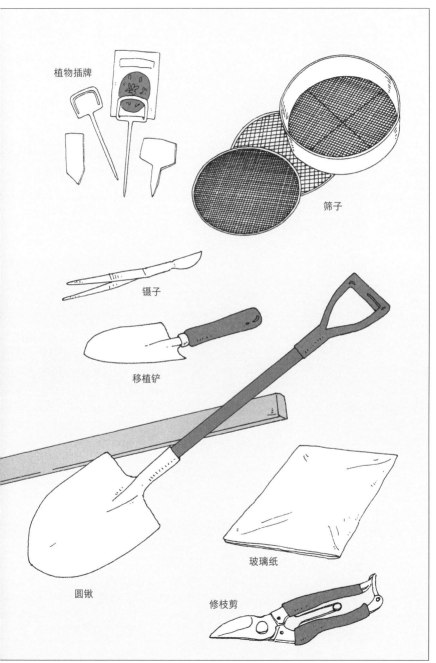

植物插牌

筛子

镊子

移植铲

圆锹

玻璃纸

修枝剪

种子、幼苗和球根的取得

到园艺店购买

园艺店不但品种齐全，而且在植物栽培方面有十分丰富的资讯。在那里，不但可以咨询栽培的相关问题，也可以购买种子、幼苗、球根，等等。去一趟园艺店，可以把栽培植物的盆钵和合于季节的种子和幼苗都备齐了。

参考样册购买

不上园艺店，也可以买到种子。许多园艺杂志上都刊登有园艺店或种苗店的邮购广告，取得购买样册后，即可以用邮购的方式买到种子。

注意是否符合季节

种子有春天播种的、秋天播种的，幼苗及球根也有适合春天或秋天种植的。购买的时候，要注意是否符合季节，不要买到已经过了栽种期的种子或幼苗。

如何选择种子

在园艺店可以买到符合当季播种的种子，但最好要确认种子包装袋上所记载的播种时间说明。此外，虽然有的种子寿命长达数年，但播种的时候尽量将种子用完，不要有剩余。

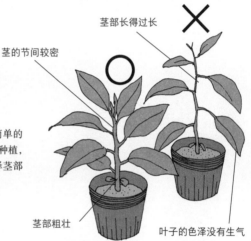

茎部长得过长 ✕

茎的节间较密 ○

茎部粗壮

叶子的色泽没有生气

如何选择幼苗

从种子开始培育植物不是简单的事，不妨直接购买幼苗回来种植，比较轻松省事。幼苗宜选择茎部直挺、叶子完整有光泽的。

没有发芽

表面没有损伤

如何选择球根

仔细检查表面没有损伤，再用手掂掂看，选择较重的球根。注意不要选已经发芽的。

重量足够

如何制作土壤

什么是好的土壤？

所谓好的土壤有几个条件：土质松软、含氧量高、储水性强、排水良好等等。但有些植物适合种植在干燥的土壤里，因此选择时还是要以植物本身的需求为主要考量。

市售的园艺用土

如果是将植物种植在只需要少量土壤的钵盆或栽培槽时，直接使用市售的园艺用土是最省事的。如果进一步需要储水性更好、通气性更佳的话，可将基本用土更换为改良用土或调节用土，并施以肥料。为了避免虫子从盆底进入，可在排水口加防虫网，并在盆底铺上3厘米厚的钵底石。

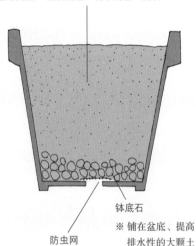

基本用土 + 改良用土 + 调节用土 + 肥料

钵底石

防虫网

※ 铺在盆底、提高排水性的大颗土壤。也可以使用大颗的赤玉土或轻石。

如何制作钵盆和栽培槽的土

播种用土

以小颗的赤玉土和鹿沼土、蛭石为基本，再混入腐叶土、泥炭土。另外还会用到市售的播种用土，以及较大种子会用到的泥炭土盆等育种用品。

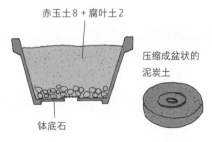

赤玉土8 + 腐叶土2

钵底石

压缩成盆状的泥炭土

242

扦插用土

将叶或枝插入土中栽培，在根尚未长出前插入蛭石或鹿沼土中。

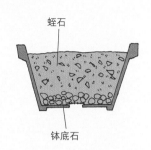

蛭石

钵底石

将园艺用土过筛

如左图所示，将市售的园艺用土过筛。土壤中的颗粒筛掉后，比较容易混合搅拌。

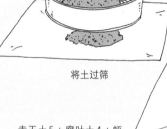

筛子

将土过筛

玻璃纸

赤玉土5 + 腐叶土4 + 蛭石1 + 化学肥料

市售已过筛的园艺用土

如果觉得自己过筛不安心，可以直接购买符合植物所需的园艺用土。有草花用的、球根植物用的及蔬菜用的，还有对应的肥料，十分方便。

草花用

蔬菜用

球根植物用

如何制作花坛的土

苦土石灰

松土

花坛最好是选日照充足、通风良好的地方。在播种或种植的1个月前，先均匀撒上苦土石灰，用锄头将地表以下30厘米的土翻松，使它充分渗入。

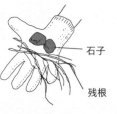
石子
残根

松土后，将里面的石子、残根都捡干净，以使土质更松软。

在播种或种植的2周前，适量添加腐叶土、堆肥、化学肥料等。

腐叶土

化学肥料

堆肥

大部分的植物在酸性土壤中都无法发育得很好，因此有必要加入苦土石灰来中和土壤的酸性。石灰的用量以每平方米100克为基准，但马铃薯、西瓜等较能抵抗酸性的植物，石灰量则可减少。总之，须依照植物的种类调整。

酸性土壤与植物的关系

	植物种类	石灰（克/平方米）
抗酸性强	百合、马铃薯、红薯、西瓜等	0～50克
抗酸性弱	金盏花、香豌豆、萝卜、番茄、茄子、青椒、黄瓜、草莓、玉米、生菜、荷兰芹等	100克
抗酸性极弱	樱桃萝卜、胡萝卜、毛豆、菠菜、洋葱等	150克

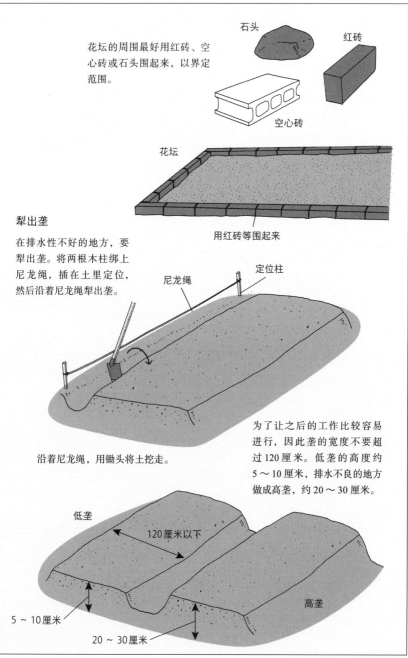

石头

红砖

花坛的周围最好用红砖、空心砖或石头围起来，以界定范围。

空心砖

花坛

用红砖等围起来

犁出垄

在排水性不好的地方，要犁出垄。将两根木柱绑上尼龙绳，插在土里定位，然后沿着尼龙绳犁出垄。

尼龙绳

定位柱

沿着尼龙绳，用锄头将土挖走。

为了让之后的工作比较容易进行，因此垄的宽度不要超过120厘米。低垄的高度约5～10厘米，排水不良的地方做成高垄，约20～30厘米。

低垄

120厘米以下

高垄

5～10厘米

20～30厘米

245

从种子培育的基本方法

如何育种

培育种子有两个方法：一是将苗先种在平钵或育苗箱里，之后再移植；一是将苗以较疏散的距离，直接种在花坛或栽培槽里。如果觉得移植工作很麻烦，可将种子播在塑料衬盆或泥炭土盆等育苗用具中，之后直接整个移植即可。

育苗箱

需要移植

平钵

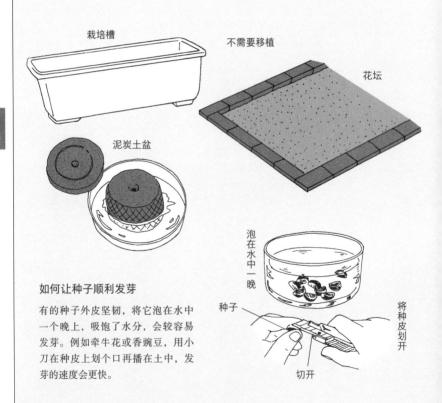

栽培槽

不需要移植

花坛

泥炭土盆

如何让种子顺利发芽

有的种子外皮坚韧，将它泡在水中一个晚上，吸饱了水分，会较容易发芽。例如牵牛花或香豌豆，用小刀在种皮上划个口再播在土中，发芽的速度会更快。

泡在水中一晚

种子

切开

将种皮划开

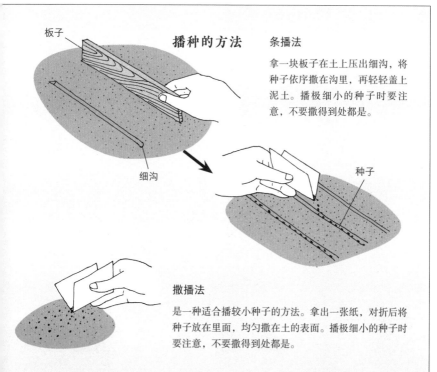

播种的方法

条播法

拿一块板子在土上压出细沟，将种子依序撒在沟里，再轻轻盖上泥土。播极细小的种子时要注意，不要撒得到处都是。

板子

细沟

种子

撒播法

是一种适合播较小种子的方法。拿出一张纸，对折后将种子放在里面，均匀撒在土的表面。播极细小的种子时要注意，不要撒得到处都是。

点播法

用瓶子在土上压出许多凹洞，每个洞里播 3～4 颗种子，然后轻轻盖上泥土。这个方式适合较大的种子。

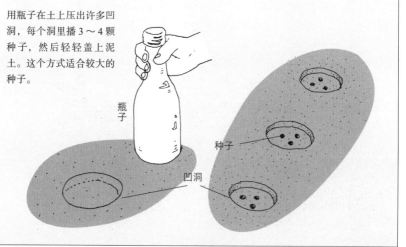

瓶子

种子

凹洞

如何培育需要移植的植物

对于一些即使日后移往他处也不要紧的植物，或是直接种在花坛或花园里、但种子很容易因雨水冲刷而流失的植物，都可采取先育苗、然后移植的培育方式。

种子较大时

先在平钵的底部铺上钵底石，然后放入育种用土，将种子播下后轻轻盖上泥土，并浇灌适量的水分。

育种用土

钵底石

盖上泥土

浇灌充足的水

汤匙

园艺用土

塑料衬盆

肥料

钵底石

种子发芽、长出叶子后，用汤匙一株一株挖起，分别放到塑料衬盆里，并浇灌适量的水分。

从盆子上方看，如果叶子茂密到看不见盆里的土时，即可移到大型钵盆、栽培槽或花坛里去，并浇灌适量的水分。

园艺用土

肥料

钵底石

种子较小时

先在平钵的底部铺上钵底石，然后放入育种用土。将种子放在对折的纸上，均匀地撒在土上。如果是需要阳光照射才能够发芽的种子（称为好光性种子），就不要盖土，其他的则轻轻覆上一层薄土。

育种用土

钵底石

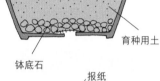

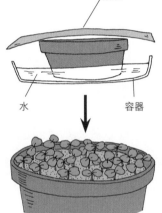

报纸

水　　　　容器

容器中盛水，平钵放入水中，让土吸收水分，钵上盖上报纸（如果是好光性种子，则不盖报纸）。为了避免土的表面干燥，经常用喷筒补充水分。

种子发芽后拿掉报纸，将平钵从水中取出。

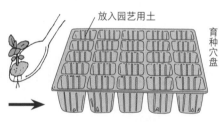

放入园艺用土

育种穴盘

种子发芽、长出本叶后，用汤匙一株一株挖起，分别放到塑料衬盆里，并浇灌适量的水分。但这个步骤可以省略。

园艺用土

肥料

钵底石

塑料衬盆

长出 2～3 片叶子时，移到塑料衬盆。

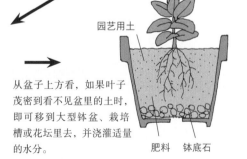

园艺用土

从盆子上方看，如果叶子茂密到看不见盆里的土时，即可移到大型钵盆、栽培槽或花坛里去，并浇灌适量的水分。

肥料　钵底石

如何培育不需移植的植物

如果觉得移植工作很麻烦，可将种子直接播在塑料衬盆或泥炭土盆里育苗，之后直接整个移到钵盆或花坛去，或是直接将种子播在栽培槽或花坛中。

在泥炭土盆里播种

先让泥炭土盆吸水，再播入种子。

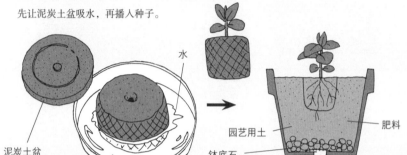

泥炭土盆的表面可以看到根时，便将种苗移到钵盆、栽培槽或花坛去。

在塑料衬盆里播种

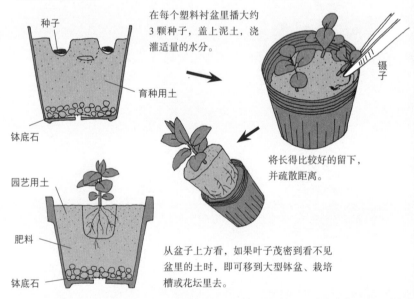

在每个塑料衬盆里播大约3颗种子，盖上泥土，浇灌适量的水分。

将长得比较好的留下，并疏散距离。

从盆子上方看，如果叶子茂密到看不见盆里的土时，即可移到大型钵盆、栽培槽或花坛里去。

直接播种

在栽培槽、钵盆或花坛中直接挖洞播种，要先垦土和洒水。首先将地表以下 30 厘米左右的土翻松，加入堆肥、腐叶土和化学肥料。

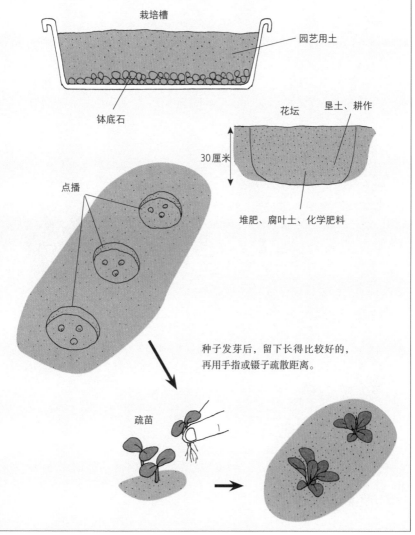

栽培槽

园艺用土

钵底石

花坛

垦土、耕作

30 厘米

堆肥、腐叶土、化学肥料

点播

种子发芽后，留下长得比较好的，再用手指或镊子疏散距离。

疏苗

种植球根的基本方法

球根的种植深度

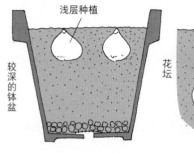

浅层种植

较深的钵盆

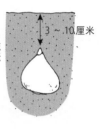

花坛

3～10厘米

一般情况下，球根种在钵盆或栽培槽里，只要种在浅层的地方即可。如果是种在花坛里，就需要种深一点。

百合的种法

百合的球根会从上面长出根来，无论种在钵盆或花坛里，都要种深一点。

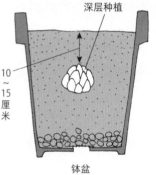

深层种植

10～15厘米

钵盆

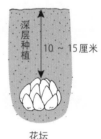

深层种植

10～15厘米

花坛

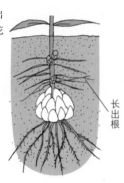

长出根

朱顶红的种法

朱顶红需要良好的通气性和排水性，无论种在钵盆或花坛里，都要种浅一点。

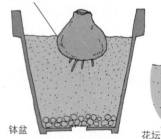

一半在土表以上

钵盆

露出球根的肩部

花坛

种植在钵盆或栽培槽里

在较深的钵盆或栽培槽的底部铺上防虫网，再放入 2～3 厘米的钵底石。

加入园艺用土和肥料，放入球根，看看深度是否恰当。

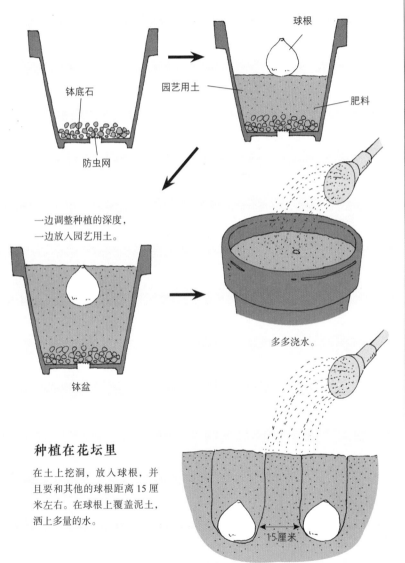

钵底石

防虫网

园艺用土

球根

肥料

一边调整种植的深度，一边放入园艺用土。

钵盆

多多浇水。

种植在花坛里

在土上挖洞，放入球根，并且要和其他的球根距离 15 厘米左右。在球根上覆盖泥土，洒上多量的水。

15厘米

给水的方法

种子较小时

小的种子播下后，浇水时很可能造成种子流失，可以将钵盆放在有水的脸盆里，让盆里的土充分吸水。

报纸

水

脸盆

喷筒

为了避免表面干燥，可以盖上报纸或用喷筒补充水分。

洒水壶

种子较大时

大的种子播下后，覆盖上泥土，用洒水壶浇水。

如何给植株浇水

一般是用具有莲蓬头的洒水壶来浇灌整株植物，但如果像是仙客来之类、花很容易受伤的植株或种苗，最好是用尖嘴壶浇水，以免被打伤。此外，如果将尖嘴壶提得太高，水柱会冲蚀掉植株基部的土，使植株不稳定或是露出根来，因此用尖嘴壶浇水时要靠近植株的基部。

尖嘴壶

不在家时如何给水

如果需要离家几天，可以将钵盆放在装水的脸盆里吸水，或是将储水器或补水器插在盆子里。此外，也可以浇水后用湿润的水苔覆盖在植株周围的泥土上。

水

脸盆

储水器

补水器

水苔

肥料

各种肥料

植物生长最重要的养分是氮、磷、钾，栽培植物时要适当地施以含有这些养分的肥料。肥料分为内含动物物质的有机肥，和以化学合成、由矿物质构成的无机肥。肥料的形式则有固体的、颗粒的和液体的，选用时要考虑植物的种类和植物生长所需。

固态肥

颗粒肥

液态肥

5-10-5（氮－磷－钾）

肥料的容器上都会标明氮、磷、钾3种成分的含量比例（％）。氮肥又称为叶肥，能使叶、茎、根长得更好。磷肥称为实肥，能促进开花和结果。钾肥称为根肥，可使根部发育更完全。很多肥料中，除了这3种成分，还含有许多成长所需的营养素。

代表性肥料

	氮	磷	钾	使用方法
●有机肥料				
油渣	5	2	1	基肥、追肥
堆肥	1	0.5	1	基肥
●无机肥料				
化学肥料	各种			基肥、追肥
磷酸铵镁	6	40	6	基肥
液态肥	5	10	5	追肥

施肥的方法

肥料并不是越多越好，过度施肥反而会阻碍成长，甚至使植物枯萎。施肥要因应生长所需，给予最适当的分量。

基肥

在种苗植入土壤前所施的肥料，以及植入植株的洞穴下方所施的肥料称为基肥。基肥大多用缓效型肥料。

撒在植株周围的固态追肥

用水稀释的液态追肥

追肥

生长期较长的植物，若只施以基肥，养分不足以充分供应，必须再增加追肥。另外，为了供给开花后的球根养分，也会添加追肥。追肥大多用速效型肥料（大多是化学肥料、液态肥料）。

苦土石灰

调整土壤的性质

将苦土石灰与花坛或田里的土混合，可以降低土质的酸性，使肥料的吸收效率提高。苦土石灰含有铁、锰等成分。大多用于栽培对酸性抵抗力较弱的菠菜、黄瓜、茄子、番茄等植物。

如何使植株长得更好

要使植物长好，除了施肥和给水，还有一些必要的工作。

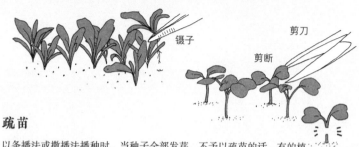

疏苗

以条播法或撒播法播种时，当种子全部发芽，不予以疏苗的话，有的植株会因为日照和肥料不足，导致发育不良。此时，可将生长较迟滞的幼苗疏散距离（疏苗）。此外，如果用镊子拔除会影响到其他植株，也可以用剪刀从基部剪断。

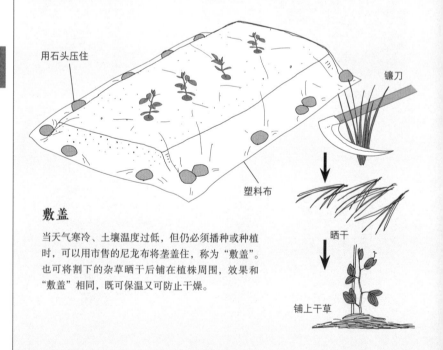

敷盖

当天气寒冷、土壤温度过低，但仍必须播种或种植时，可以用市售的尼龙布将垄盖住，称为"敷盖"。也可将割下的杂草晒干后铺在植株周围，效果和"敷盖"相同，既可保温又可防止干燥。

移植铲

中耕（松土）

不断持续的给水，会使植株周围的土壤变硬，此时可用移植铲将土轻轻翻松，称为"中耕"。

培土（覆土）

不断给水使基部外露的植株、长得很高的植株、利用下叶的蔬菜等，都要用移植铲将土拢到植株基部，称为"培土"。

剪断

整枝

为了使侧芽长出、增加开花量、限定结果量并使果实更硕大等，都会进行整枝的工作。此外，对于恣意长出的枝叶也会采取整枝，但目的是使植株的外型更美观。

剪断

剪枝

茄子、一串红等植物，在开花、结果、生成后会继续长出大量枝叶，此时将这些枝叶全部剪除，可以使它再次生出侧芽，重新开花结果。

支架的搭建方法

需要支架的植物

蔓藤性植物和果实硕大的植物，都需要支架来支撑。此外，即使不属于蔓藤性或果实也不太大，当风力太强，有倾倒之虞的植物，也需要支架的支撑。

蔓藤性植物

结绳的方法

用尼龙绳将茎与支架以 8 字形绑在一起，但注意不要绑得太紧。

果实硕大的植物

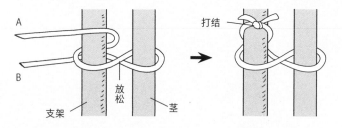

A

B

放松

支架

茎

打结

将绳子的两端 A 和 B，
在支架上绕 1～2 圈后打结。

各种支架

植株小的植物，竖立临时支架即可。

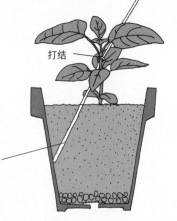

打结

临时支架

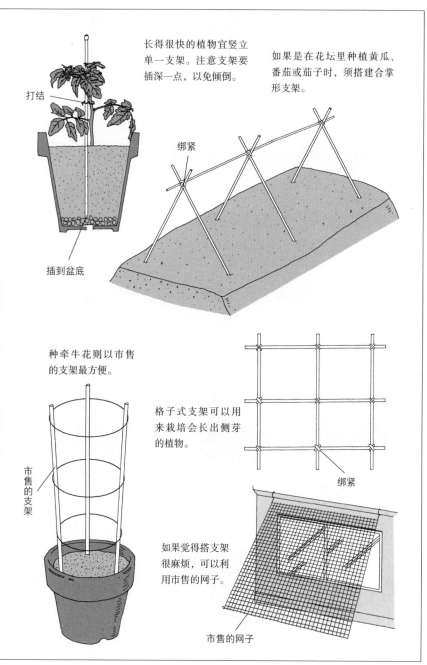

长得很快的植物宜竖立单一支架。注意支架要插深一点，以免倾倒。

打结

插到盆底

如果是在花坛里种植黄瓜、番茄或茄子时，须搭建合掌形支架。

绑紧

种牵牛花则以市售的支架最方便。

市售的支架

格子式支架可以用来栽培会长出侧芽的植物。

绑紧

如果觉得搭支架很麻烦，可以利用市售的网子。

市售的网子

种子与球根的保存

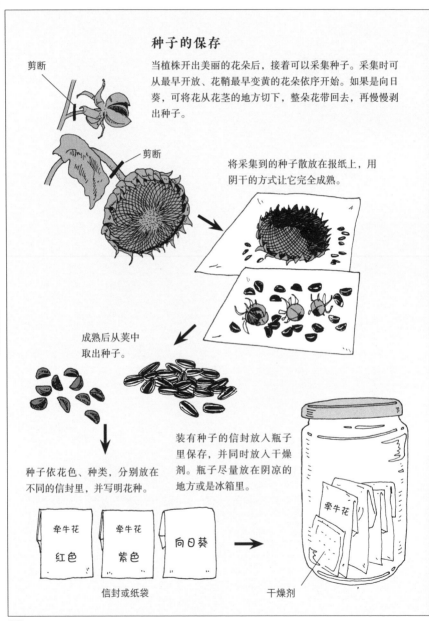

种子的保存

当植株开出美丽的花朵后，接着可以采集种子。采集时可从最早开放、花鞘最早变黄的花朵依序开始。如果是向日葵，可将花从花茎的地方切下，整朵花带回去，再慢慢剥出种子。

剪断

剪断

将采集到的种子散放在报纸上，用阴干的方式让它完全成熟。

成熟后从荚中取出种子。

装有种子的信封放入瓶子里保存，并同时放入干燥剂。瓶子尽量放在阴凉的地方或是冰箱里。

种子依花色、种类，分别放在不同的信封里，并写明花种。

牵牛花 红色

牵牛花 紫色

向日葵

牵牛花

信封或纸袋

干燥剂

球根的保存

将花朵凋谢后的球根从土里挖出来保存。需要干燥保存的有爱丽丝（鸢尾）、冠状银莲花、水仙、郁金香等，不需要干燥保存的有朱顶红、美人蕉、百合等。在气候温暖的地方，秋天种植的球根可以不挖出来，直接留在土中越冬。

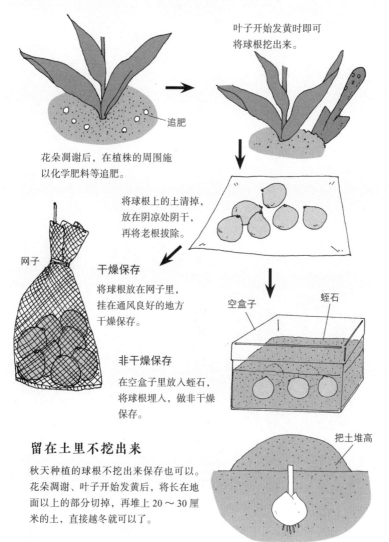

追肥

花朵凋谢后，在植株的周围施以化学肥料等追肥。

叶子开始发黄时即可将球根挖出来。

将球根上的土清掉，放在阴凉处阴干，再将老根拔除。

网子

干燥保存

将球根放在网子里，挂在通风良好的地方干燥保存。

非干燥保存

在空盒子里放入蛭石，将球根埋入，做非干燥保存。

空盒子　蛭石

留在土里不挖出来

秋天种植的球根不挖出来保存也可以。花朵凋谢、叶子开始发黄后，将长在地面以上的部分切掉，再堆上 20 ～ 30 厘米的土，直接越冬就可以了。

把土堆高

植物的增生方法

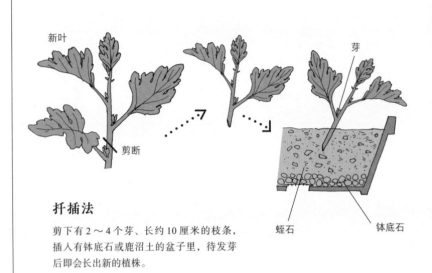

新叶

芽

剪断

蛭石

钵底石

扞插法

剪下有 2 ～ 4 个芽、长约 10 厘米的枝条，插入有钵底石或鹿沼土的盆子里，待发芽后即会长出新的植株。

剪断

分株法

多年生草本植物可以用分株法增生。春季到夏季开花的植物在秋季分株，夏季到秋季开花的植物在春季分株。

轻轻将植株挖起，不要伤到根部。

将分株完成的植株分开种植，并给予水分。

球根的增生方法

从土里掘出的球根，
可以用分株的方式增生。

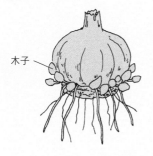

木子

剑兰

取下称为木子的年幼球根，植入球根用园
艺用土中，2～3 年即可开花。

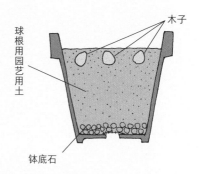

木子

球根用园艺用土

钵底石

大丽花

块根剖开时，务必把称为茎冠的发
芽部分一起切下来。

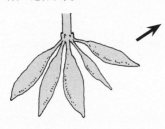

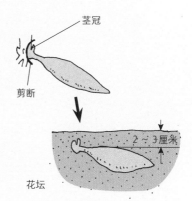

茎冠

剪断

2～3 厘米

花坛

百合

将鳞片一片一片剥下，插入有钵底石和赤
玉土的钵盆中。

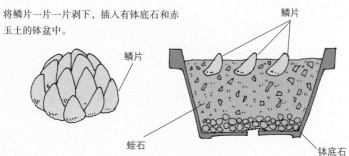

鳞片

鳞片

蛭石

钵底石

善用园艺店

对于刚开始着手栽培蔬菜或花草的初学者，园艺店是个值得取经的地方。如果有任何植物栽培方面的问题，或是当植物无法顺利生长时，都可以去向店家请教。此外，如果是在花坛或花园里种植植物，难免会碰上苦恼的病虫害。凡此种种，都可请店家协助推荐扫除病虫害的药品，或是该如何驱虫。尤其是在建立花坛方面，也可以请店家指导最好、最适合的方式。

如果慢慢和园艺店熟了，可以向对方咨询珍稀植物的种、苗信息，或是听取有关植物的有趣话题。和园艺店的专家交往，不仅着眼于植物栽培方面的知识，而是可以从一位园艺爱好者身上学到对大自然的热爱，以及对植物栽培永不止息的热情。

草花的培育

牵牛花

栽培要诀

牵牛花是旋花科一年生草本植物。喜欢生长在日照充足的环境，在暗处则会发育不良。可以直接在庭院中撒种，让它随意蔓生。若要确保它开花，就要育苗、种植。

月份	1	2	3	4	5	6	7	8	9	10	11	12
播种					▬	▬						
开花								▬	▬			
采种										▬		

＊春季播种

如何取得

可直接到园艺店购买种子。除了一般品种外，还有花朵较大的、花瓣或叶子变形的等等许多品种。

播种

牵牛花的种皮很硬，可以用小刀在种皮上划个开口，或是将种子泡在水里一个晚上，让它吸饱水分。

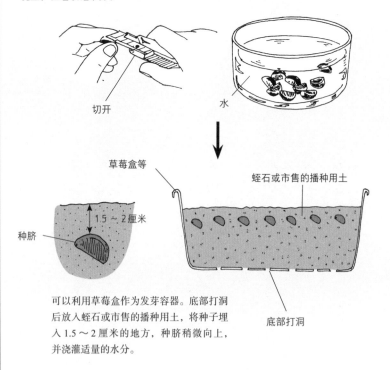

切开

水

草莓盒等

蛭石或市售的播种用土

1.5～2厘米

种脐

底部打洞

可以利用草莓盒作为发芽容器。底部打洞后放入蛭石或市售的播种用土，将种子埋入1.5～2厘米的地方，种脐稍微向上，并浇灌适量的水分。

镊子

直径9厘米左右的小钵盆

栽植

种子发芽、长出2片叶子后，用镊子夹起，分别种入直径9厘米左右的小钵盆里，并浇灌适量的水分。

市售的园艺用土＋肥料

钵底石

换盆

当根部长大、叶子大约有5片时，将植株换到直径20厘米左右的大钵盆，并浇灌适量的水分。

园艺用土

直径20厘米左右的大钵盆

5片叶子

肥料

钵底石

日常照顾

土的表面干燥时，用洒水壶补充水分。

水

如果肥料不够充足，花朵会较小。将液态肥料以水稀释，每3～4天补充1次。

HYPONeX

液态肥料

各种栽培方法

牵牛花的蔓茎生长速度很快，而且越长越高，甚至超过 10 米以上。可以把部分蔓茎修剪掉，或是让蔓茎顺着支架盘绕生长。剪除部分的花苞，可以使花朵开得很大。

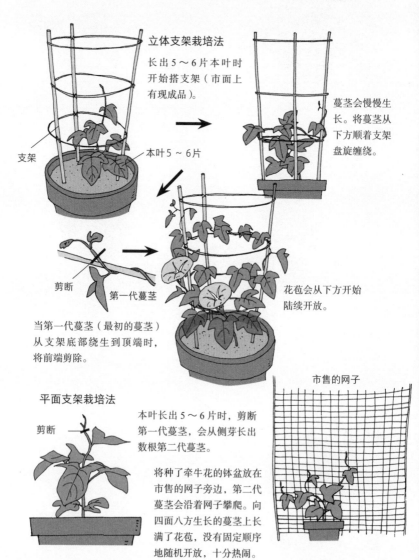

立体支架栽培法

长出 5～6 片本叶时开始搭支架（市面上有现成品）。

蔓茎会慢慢生长。将蔓茎从下方顺着支架盘旋缠绕。

支架

本叶 5～6 片

剪断

第一代蔓茎

当第一代蔓茎（最初的蔓茎）从支架底部绕生到顶端时，将前端剪除。

花苞会从下方开始陆续开放。

平面支架栽培法

剪断

本叶长出 5～6 片时，剪断第一代蔓茎，会从侧芽长出数根第二代蔓茎。

市售的网子

将种了牵牛花的钵盆放在市售的网子旁边，第二代蔓茎会沿着网子攀爬。向四面八方生长的蔓茎上长满了花苞，没有固定顺序地随机开放，十分热闹。

剪除蔓茎的方法

剪断

留下最上面两根第
二代蔓茎

本叶长出 6 ～ 7
片时，将第一代
蔓茎从前端剪掉。

从侧芽长出的第二代蔓茎
不断生长。将最上方 2 根
第二代蔓茎留下，其余的
全部剪除。

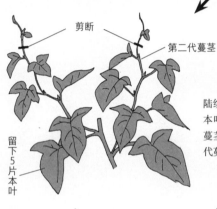

剪断

第二代蔓茎

留下
5 片
本叶

陆续长出的第二代蔓茎的
本叶留下 5 片，将第二代
蔓茎的前端剪除，让第三
代蔓茎继续生长。

第三代蔓茎

剪断

花苞

将陆续长出的第三代蔓茎
上的花苞留下 4 个左右，
其余的花苞全部剪除。

开花的数量少，
但花朵都非常大。

采种

花朵凋谢后，将开过花
的种子采下保存。

非洲凤仙花

栽培要诀

非洲凤仙花属于凤仙花科多年生草本植物。不适合种植在阳光直射的地方，半日阴的环境较好。由于花期很长，不要忘了施以追肥。

月份	1	2	3	4	5	6	7	8	9	10	11	12
播种				■	■							
开花						■	■	■	■			
采种									■	■	■	

＊春季播种

如何取得

可直接到园艺店购买种子。花有各种不同的颜色，花瓣也有单瓣和复瓣的。

播种

在平钵中放入专用土，将种子撒播。如果阳光不充足便无法发芽，因此种子上不要覆盖泥土。

钵底石

蛏石

平钵

种子不要覆土

报纸

水

将钵盆放入盛了水的容器中，让土吸饱水分。土的表面干燥时，用喷筒补充水分。

种子发芽后，将钵盆从水中取出。

栽植

长出2～3片本叶时，用汤匙轻轻挖起，一株一株分别种到塑料衬盆里，并浇灌适量的水分。

汤匙

如果植株太过密集，就需要疏苗。

肥料

塑料衬盆

市售的园艺用土

钵底石

换盆

从盆子上方看，如果叶子茂密到看不见盆里的土时，即可移到栽培槽，并且放在半日阴的地方，浇灌适量的水分。

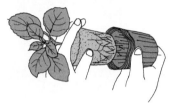

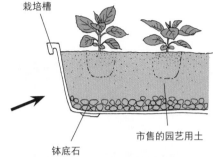

栽培槽

市售的园艺用土

钵底石

日常照顾

不耐干燥，土表要保持湿润，经常用喷筒补充水分。将液态肥料以水稀释，每周施肥 1 次。

水

液体肥料

扦插

植株长得过度茂盛时，可将部分枝子剪掉，秋天时会再开花。剪掉的枝子上有芽眼，插入土中可长出新的植株。

塑料衬盆

鹿沼土

钵底石

紫茉莉

栽培要诀

紫茉莉属于紫茉莉科多年生草本植物。很容易种植,适合排水良好、日照充足的场所。不需要移植,可直接在庭园中播种。

＊春季播种

如何取得

可以直接到园艺店购买种子。如果要种植在栽培槽里,可选择不会长得太高的品种。

高10厘米的垄

30厘米

30～40厘米

堆肥、石灰、化学肥料

覆上足以盖住
种子的土

播种

播种前将地表以下30厘米的土翻松,加入堆肥、石灰和化学肥料。如果种植场所排水不良,则须做出10厘米高的垄。以每处3颗种子的点播方式播种,并覆上足以盖住种子的土,定期浇水。株与株之间距离30～40厘米。

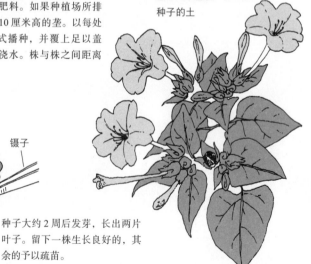

镊子

种子大约2周后发芽,长出两片叶子。留下一株生长良好的,其余的予以疏苗。

日常照顾

不耐干燥，土的表面干燥时，记得补充水分。

水

花

花苞

采种

开花时间为傍晚至早晨。受粉后的花会长出黑色的种子。可在种子掉落之前采收起来，待来年播种。

种子

挖的范围大一点

越冬

植株凋谢后，根部仍然活着，在气候温暖的地区，隔年春季会在相同地方重新生长。如果是寒冷地区，可将根挖出，放到干燥后保存在室内，第二年春天植回去，一样会开花。

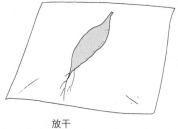

放干

含羞草

栽培要诀

含羞草是豆科多年生草本植物。
很容易种植，但不耐寒，需注意。

月份	1	2	3	4	5	6	7	8	9	10	11	12
播种					▬	▬						
开花							▬	▬				
采种										▬	▬	

＊春季播种

如何取得

直接到园艺店购买种子。

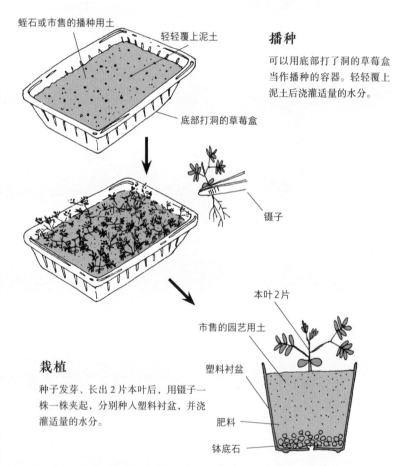

蛭石或市售的播种用土

轻轻覆上泥土

底部打洞的草莓盒

播种

可以用底部打了洞的草莓盒
当作播种的容器。轻轻覆上
泥土后浇灌适量的水分。

镊子

本叶2片

市售的园艺用土

塑料衬盆

肥料

钵底石

栽植

种子发芽、长出2片本叶后，用镊子一
株一株夹起，分别种入塑料衬盆，并浇
灌适量的水分。

换盆

长出 4～6 片本叶后，将植株移到直径 20 厘米左右的钵盆，并浇灌适量的水分。

本叶 4～6 片

市售的园艺用土

直径 20 厘米的钵盆

肥料

钵底石

液体肥料

水

日常照顾

土的表面干燥时要补充水分。将液态肥料以水稀释后，每周施肥 1 次。

花

采种

7～9 月会开出以小花集合成的球状花。当刺刺的果实呈现褐色时，可以采集种子保存，第二年再播种。

种子

果实

大波斯菊

栽培要诀

大波斯菊是菊科一年生草本植物。7月左右播下种子，到了秋天虽然还很低矮也能开花，所以即使是栽培槽也很容易育成。

如何取得

直接到园艺店购买种子。有白色、粉红色的大型花品种，和浅黄花、名为"黄色花园"的品种。

月份	1	2	3	4	5	6	7	8	9	10	11	12
播种						▬	▬					
开花									▬	▬		
采种											▬	

＊春～夏季播种

播种

在平钵里放入播种用土，以每处 3 棵种子的点播方式播种，然后覆上约 5 厘米厚的土。

市售的播种用土

钵底石

平钵

播种之后要多多洒水

留下生长良好的，并予以疏苗。本叶长出 4 片左右时，将每株分别种在不同盆子里。

栽植

长出 6～8 片本叶后，用汤匙轻轻挖起，每株分别种在直径 15 厘米的钵盆里，浇灌适量的水分。

钵底石

市售的园艺用土

直径 15 厘米左右的钵盆

278

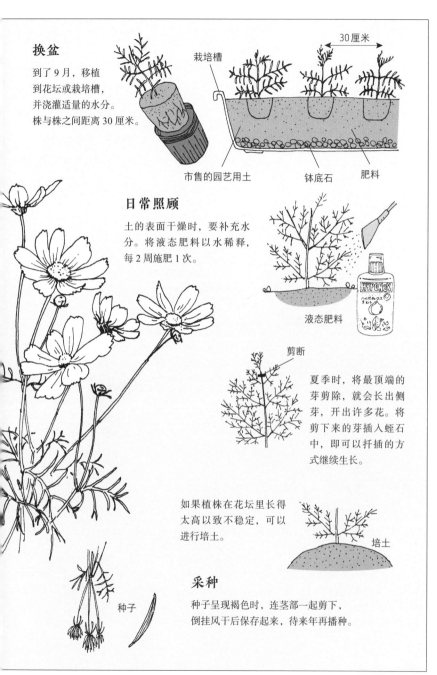

换盆

到了9月，移植到花坛或栽培槽，并浇灌适量的水分。株与株之间距离30厘米。

栽培槽

30厘米

市售的园艺用土

钵底石

肥料

日常照顾

土的表面干燥时，要补充水分。将液态肥料以水稀释，每2周施肥1次。

液态肥料

剪断

夏季时，将最顶端的芽剪除，就会长出侧芽，开出许多花。将剪下来的芽插入蛭石中，即可以扦插的方式继续生长。

如果植株在花坛里长得太高以致不稳定，可以进行培土。

培土

种子

采种

种子呈现褐色时，连茎部一起剪下，倒挂风干后保存起来，待来年再播种。

279

一串红

栽培要诀

一串红是唇形科多年生草本植物。当夏季花期结束后摘除花柄，再施以化学肥料的追肥，从秋季直到降霜，花都会持续地开放。

月份	1	2	3	4	5	6	7	8	9	10	11	12
播种												
开花												
摘除花柄												

＊春季播种

如何取得

直接到园艺店购买种子。也可以购买市售的幼苗来栽培。

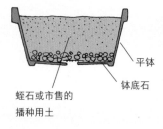

平钵

钵底石

蛭石或市售的
播种用土

播种

在平钵里放入播种用土，以条播法播种后，上面覆盖大约 5 毫米的土。

覆盖大约
5 毫米的土

播种之后要充分洒水。

镊子

将生长状况不良的植株
用镊子夹起后疏苗

栽植

长出本叶后，用汤匙一株一株轻轻挖起，分别种到不同的塑料衬盆里。

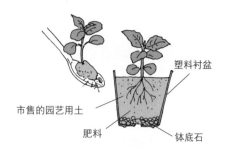

塑料衬盆

市售的园艺用土

肥料

钵底石

换盆

从盆子上方看，如果叶子茂密到看不见盆里的土时，即可移到栽培槽里去，并浇灌适量的水分。株与株之间距离 30 厘米。

市售的园艺用土

30厘米

栽培槽

肥料

钵底石

日常照顾

不耐干燥，土的表面缺水时赶快洒水。将液态肥料以水稀释后，每周施肥 1 次。

液态肥料

花萼

开过花后，花萼会渐渐褪色，之后就像摘取花穗一般将花柄摘除，再施以化学肥料的追肥。如果植株生长太过茂盛，可将上方剪枝。

剪枝

化学肥料

向日葵

栽培要诀

向日葵是菊科一年生草本植物。适合在日照充足的环境生长。不需要移植，可直接在庭院或花坛播种。要施以足够的肥料和水分。

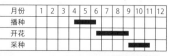

月份	1	2	3	4	5	6	7	8	9	10	11	12
播种				▬	▬							
开花						▬	▬	▬				
采种									▬	▬		

＊春季播种

如何取得

可以直接到园艺店购买种子。除了有一般的向日葵、食用向日葵，还有可栽培在盆里的姬向日葵。

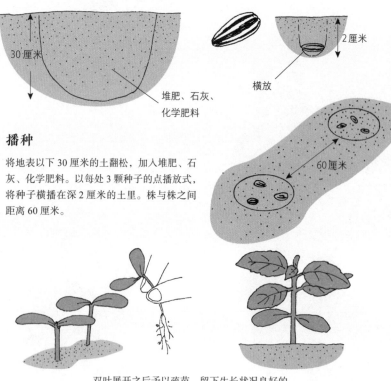

30厘米

堆肥、石灰、化学肥料

2厘米

横放

60厘米

播种

将地表以下 30 厘米的土翻松，加入堆肥、石灰、化学肥料。以每处 3 颗种子的点播放式，将种子横播在深 2 厘米的土里。株与株之间距离 60 厘米。

双叶展开之后予以疏苗，留下生长状况良好的。
本叶长出 4 片左右时，将植株分开来种。

日常照顾

化学肥料

水

每天持续不断地浇水。在植株
基部施以化学肥料的追肥, 每
月 1 次。

植株长到30厘米
以上时, 要在基部
培土, 或竖立 2 米
高的支柱, 并将茎
部以绳子绑在支柱
上。绳子要依向日
葵的生长调整捆绑
的高度。

想要开出较大的花朵, 可将
最先长出的花苞留下,
其余的全部剪除。

采种

开花后、种子完全成熟
前, 将花茎剪断, 剥出种
子干燥保存。

剪断

丝瓜

栽培要诀

<u>丝瓜</u>是葫芦科一年生草本植物。可以直接在庭院播种，但如果想要结出丝瓜，要先在塑料衬盆里育苗。丝瓜属于蔓茎植物，果实又大又重，需要搭建瓜棚。

月份	1	2	3	4	5	6	7	8	9	10	11	12
播种				■	■							
开花								■	■			
收成										■	■	

＊春季播种

如何取得

可直接到园艺店购买种子，或是购买幼苗培育，然后换盆。

播种

在塑料衬盆中放入赤玉土或市售的播种用土，在土深 1.5 厘米处埋入 3 颗种子，浇灌适量的水分。

塑料衬盆

钵底石

赤玉土或市售的播种用土

两片叶子展开后，留下 1 株生长最好的，其余的予以疏苗。

栽植

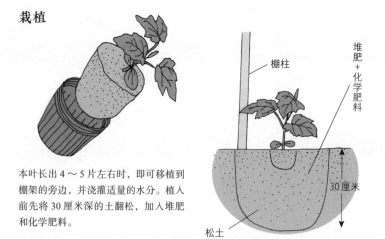

棚柱

堆肥＋化学肥料

30 厘米

松土

本叶长出 4～5 片左右时，即可移植到棚架的旁边，并浇灌适量的水分。植入前先将 30 厘米深的土翻松，加入堆肥和化学肥料。

日常照顾

丝瓜不耐干旱，换盆后须在植株四周铺上麦秆或干草。蔓茎开始生长后，让它顺着棚柱缠绕。

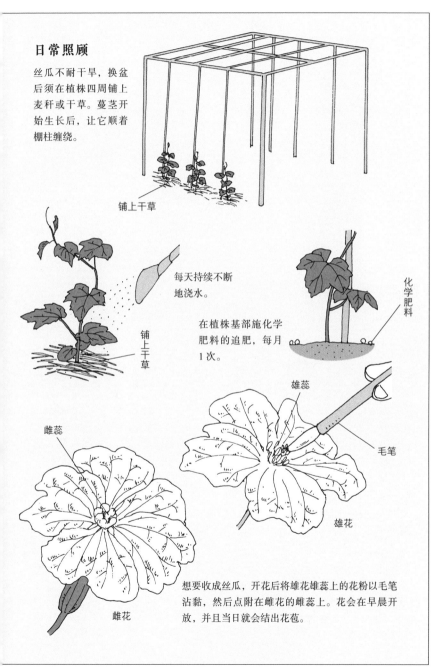

铺上干草

每天持续不断地浇水。

在植株基部施化学肥料的追肥，每月1次。

铺上干草

化学肥料

雄蕊

毛笔

雄花

雌蕊

雌花

想要收成丝瓜，开花后将雄花雄蕊上的花粉以毛笔沾黏，然后点附在雌花的雌蕊上。花会在早晨开放，并且当日就会结出花苞。

如何采集丝瓜露

到了秋天即可开始采集丝瓜露。可以到药房购买药用酒精和甘油，与丝瓜露混合后就是天然的化妆水。

甘油10毫升

药用酒精100毫升

丝瓜露1000毫升

纱布

一升装空瓶

从植株基部以上50厘米处将茎切断，切口插入1升装的空瓶中，用纱布裹住瓶口。几天后即可收取1升左右的丝瓜露。

将1升丝瓜露与药用酒精100毫升、甘油10毫升混合。

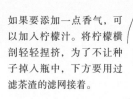

柠檬

滤网

漏斗

如果要添加一点香气，可以加入柠檬汁。将柠檬横剖轻轻捏挤，为了不让种子掉入瓶中，下方要用过滤茶渣的滤网接着。

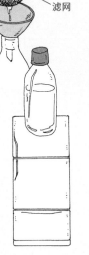

制作完成的化妆水须放入冰箱保存。将丝瓜露用小瓶子分装，用起来更方便、卫生。

如何制作菜瓜布

受粉的果实大约 1 个月后就能长得很大。丝瓜里有像网子一般的纤维，可以用来做菜瓜布。

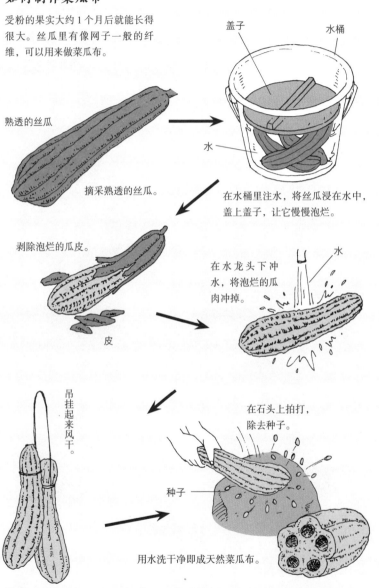

熟透的丝瓜

摘采熟透的丝瓜。

盖子

水桶

水

在水桶里注水，将丝瓜浸在水中，盖上盖子，让它慢慢泡烂。

剥除泡烂的瓜皮。

皮

水

在水龙头下冲水，将泡烂的瓜肉冲掉。

吊挂起来风干。

在石头上拍打，除去种子。

种子

用水洗干净即成天然菜瓜布。

矮牵牛

栽培要诀

矮牵牛是茄科一年生草本植物。可以自己从种子培育到开花，也可以春天到园艺店从大量的幼苗盆栽中选购，十分轻松方便。

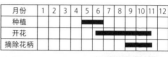

月份	1	2	3	4	5	6	7	8	9	10	11	12
种植												
开花												
摘除花柄												

＊春季种植

如何取得

可直接到园艺店购买幼苗。最好选择植株生长较为集中，不分散的。

集中、不分散的

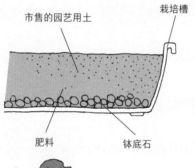

市售的园艺用土

栽培槽

肥料

钵底石

栽植

在栽培槽里放入专用土，进行栽植、给水。株与株之间距离 20 ～ 30 厘米。

将植株连同栽培土完整地从塑料衬盆中取出，种植到栽培槽。

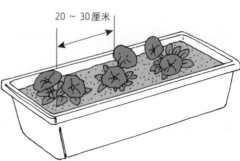

20 ～ 30 厘米

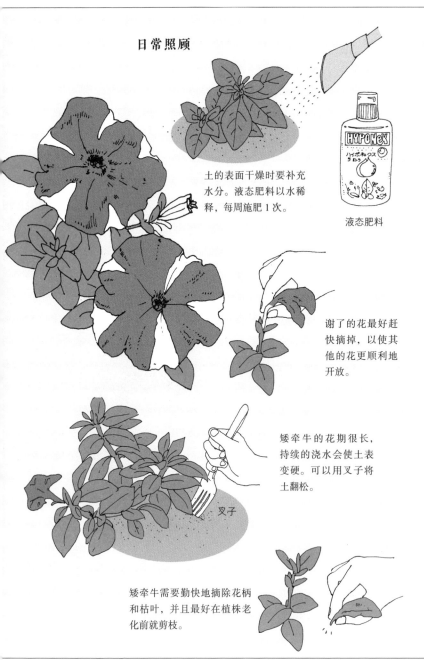

日常照顾

土的表面干燥时要补充水分。液态肥料以水稀释，每周施肥1次。

液态肥料

谢了的花最好赶快摘掉，以使其他的花更顺利地开放。

矮牵牛的花期很长，持续的浇水会使土表变硬。可以用叉子将土翻松。

叉子

矮牵牛需要勤快地摘除花柄和枯叶，并且最好在植株老化前就剪枝。

凤仙花

栽培要诀

凤仙花是凤仙花科一年生草本植物。可以直接播种在花坛里，但如果想确实培育到开花，还是要按部就班地从发芽、长出幼苗，然后换盆较好。凤仙花不耐干旱，要经常补充水分。

月份	1	2	3	4	5	6	7	8	9	10	11	12
播种												
开花												
采种												

＊春季播种

如何取得

可直接到园艺店购买种子。

赤玉土（小粒）或市售的播种用土

轻轻覆盖上一层土

播种

在底部打洞的草莓盒里播种，然后在种子上轻轻覆盖上土壤，并浇灌适量的水分。

底部打洞的草莓盒

市售的园艺用土

塑料衬盆

肥料

钵底石

栽植

种子发芽、长出 2～4 片本叶后，用镊子一株一株夹起，分别种到塑料衬盆里，并浇灌适量的水分。

换盆

在换盆之前，将 30 厘米深的土翻松，并施以堆肥、石灰、化学肥料。当植株的叶子长到从上方看不到土时，即可进行移植，同时浇灌适量的水分。株与株之间距离 20 ～ 30 厘米。

堆肥、石灰、化学肥料

←20 ～ 30 厘米→

30厘米

松土

液态肥料

成熟的果实

果实

塑料袋

日常照顾

凤仙花不耐干旱，当土表较为干燥时，记得补充水分。此外，将液态肥料以水稀释，每周施肥 1 次。

采种

花朵会由下往上开。果实成熟时呈现黄色，用手一捏便会弹出种子。可以在果实外面套上塑料袋，采集迸出来的种子，在第二年播种。

金盏花

栽培要诀

金盏花是菊科一年生草本植物。十分耐寒。在栽培槽里培育时，最好放在日照充足的地方。抗酸性很低，因此换植到花坛前，要先让土壤吸收苦土石灰。

月份	1	2	3	4	5	6	7	8	9	10	11	12
播种									■	■		
开花			■	■	■							
采种					■	■						

＊秋季播种

如何取得

可直接到园艺店购买种子。在栽培槽里培育时，选择高度约20厘米左右的品种。

播种

在平钵中放入栽培土，以撒播的方式播种，再用手掌轻拍，然后覆土、给水。

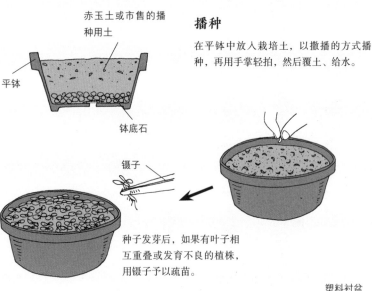

赤玉土或市售的播种用土

平钵

钵底石

镊子

种子发芽后，如果有叶子相互重叠或发育不良的植株，用镊子予以疏苗。

栽植

本叶长出2～4片时，用汤匙一株一株轻轻挖起，分别种到塑料衬盆里，并浇灌适量的水分。

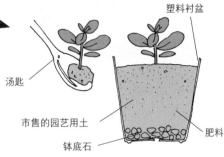

塑料衬盆

汤匙

市售的园艺用土

肥料

钵底石

换盆

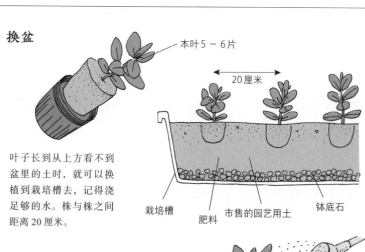

本叶 5 ~ 6 片

20 厘米

栽培槽　肥料　市售的园艺用土　钵底石

叶子长到从上方看不到盆里的土时，就可以换植到栽培槽去，记得浇足够的水。株与株之间距离 20 厘米。

日常照顾

土表较为干燥时要补充水分。将液态肥料以水稀释，1 周施肥 1 次。

液态肥料

金盏花可以种在花坛也可以作为切花使用。如果是用作切花，本叶长出 10 片左右时，可将先端的芽剪掉，让侧芽发出来，开出更多的花。

剪断

剪断

凋谢的花

如果能将开放后凋谢的花立刻摘除，对整株植物更好。

293

香豌豆

栽培要诀

香豌豆是豆科一年生草本植物。适合秋季播种。不耐酸性，因此换植到花坛前，须先在土壤里混入苦土石灰。豆科植物持续种在相同地方，往往会发育不良，因此每年都要更换种植场所。

月份	1	2	3	4	5	6	7	8	9	10	11	12
播种												
开花												
采种												

＊秋季播种

如何取得

可直接到园艺店购买种子。花的颜色有许多种，也有适合盆栽的较低矮品种。

播种

播种的 10～14 天前，将地表下 30 厘米深的土翻松，让土壤吸收堆肥和石灰。种子泡水一晚，吸足水分后，以每处 3 粒、深 1 厘米的点播方式播种，然后轻轻覆土，并浇灌适量的水分。株与株之间距离 20～30 厘米。

水

深1厘米

20～30厘米

3粒点播

发芽且长出本叶后，将生长较好的留下，其余的予以疏苗，1处只种1株。

日常照顾

长出蔓茎后,
分别竖立支柱。

支柱

铺上干草

如果是种在花坛里,为了避免冬季的霜害,在植株基部铺上干草或麦秆保护。

当蔓茎日渐伸展,大部分会顺着支柱生长。如果无法自然地缠绕支柱,可用绳子将蔓茎轻轻绑在柱子上给予支撑。

为了不让凋谢的花长出种子,可立刻将它摘除,这样可使花期更长。

使蔓茎绕生在支柱上

绳子

绳子

采种

花朵凋谢后不予处理,就会长出种子。采集到的种子,可以在秋季播种。

剪断

凋谢的花

种子

三色堇

栽培要诀

三色堇是堇菜科一年生草本植物。适合秋季天气凉爽时播种。种子发芽后须移到日照充足、通风良好的地方。

月份	1	2	3	4	5	6	7	8	9	10	11	12
播种											▬	
开花				▬▬▬▬▬								
采种							▬▬▬					

＊秋季播种

如何取得

可到园艺店购买种子回来培育，也可直接购买幼苗再换植。花的颜色有许多种。

种子

市售的幼苗

播种

在平钵中放入栽培土，以撒播的方式播种。

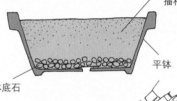

蛭石或市售的播种用土

平钵

钵底石

覆上一层薄薄的土。

将钵盆放在盛了水的器皿中，让盆里的土充分吸水。为了避免土的表面干燥，要经常用喷筒补充水分。

水

栽植

本叶长出 2～4 片时，用汤匙一株一株移植到不同的塑料衬盆中，并浇灌充足的水分。

塑料衬盆

种子发芽后，将钵盆从盛水皿中取出，移到光线充足的地方。

市售的园艺用土

钵底石

肥料

换盆

3月左右，叶子长到从上看不到盆里的土时，就可以换植到栽培槽里，同时浇灌适量的水分。株与株之间距离15厘米。如果是直接购买幼苗，就从这个步骤开始。

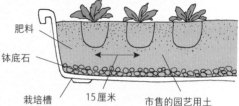

肥料

钵底石

栽培槽　　15厘米　　市售的园艺用土

日常照顾

土表较为干燥时就要补充水分。将液态肥料以水稀释，每周施肥1次。

液态肥料

将凋谢的花立刻摘除，可让其他的花更顺利地开放。

采种

采种要在花谢之后才能进行。如果不立刻将凋谢的花摘除，就会长出种子。采集到的种子，可在秋天播种。

凋谢的花

种子

虞美人

栽培要诀

虞美人是罂粟科一年生草本植物。适合秋天播种。十分容易种植，但要生长在排水、通风良好的环境。注意不要给予太多水分。

月份	1	2	3	4	5	6	7	8	9	10	11	12
播种											▬	▬
开花					▬	▬	▬					
采种							▬	▬				

＊秋季播种

如何取得

可直接到园艺店购买种子。有虞美人草、西伯利亚雏罂粟等，花色有许多种。

播种

在塑料衬盆里放入播种用土，将5～6粒种子以撒播的方式播种，并浇灌适量的水分。种子上不要覆盖土壤，并且不要让它干燥，记得经常以喷筒补充水分。

市售的播种用土

不要覆土

塑料衬盆

镊子

种子发芽、长出2片本叶后，将发育不良的苗用镊子予以疏苗。

栽植

本叶长出4～6片时，用汤匙移植到塑料衬盆里，并浇灌适量的水分。

塑料衬盆

市售的园艺用土

肥料

钵底石

换盆

3 月左右，叶子如果长到从上方看不到盆里的泥土时，即可换植到栽培槽里去，同时要给予适量的水分。株与株之间距离 15～20 厘米。

15～20 厘米

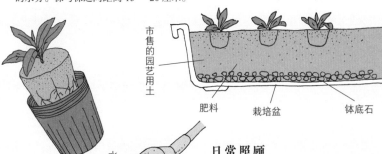

市售的园艺用土

肥料　　　栽培盆　　　钵底石

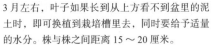

水

日常照顾

不要浇太多的水，让它在生长过程中稍稍保持干燥。入春以后，每月 1 次在植株的根部施以化学肥料的追肥。

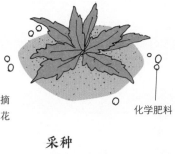

化学肥料

花谢了以后立刻摘除，可使后续的花更顺利地开放。

采种

花期结束的 5 月左右，凋谢的花不予处理就会长出种子。将种子采集下来，到秋天播种。

凋谢的花

花苞

剪断

种子

朱顶红

栽培要诀

朱顶红是石蒜科鳞茎植物。适合春天栽植。不耐寒冷、雨水和日光直射，因此最好是采用盆栽。可在鳞茎上直接浇水，但水量以不盖过鳞茎为准。

月份	1	2	3	4	5	6	7	8	9	10	11	12
种植					■	■						
开花							■	■				
保存											■	■

＊春季种植

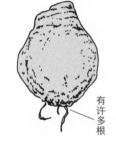

有许多根

如何取得

可直接到园艺店购买鳞茎。最好选择有许多粗根的鳞茎。

栽植

在直径 20 厘米左右的深钵上放入园艺用土，鳞茎埋入土中，露出 1/3，并浇灌充足的水分。如果是种在栽培槽里，株与株之间距离约 20 厘米。

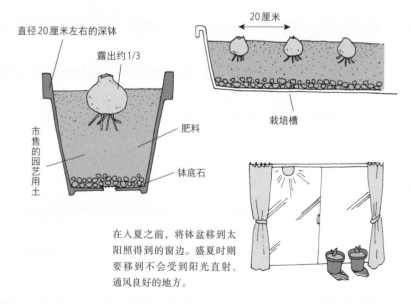

直径20厘米左右的深钵

露出约1/3

市售的园艺用土

肥料

钵底石

20厘米

栽培槽

在入夏之前，将钵盆移到太阳照得到的窗边。盛夏时则要移到不会受到阳光直射、通风良好的地方。

日常照顾

不要让土的表面干燥，记得补充水分。注意不要直接在鳞茎上洒水。

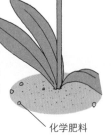

叶子长出来以后，每月 1 次，在植株的基部施以化学肥料。

化学肥料

鳞茎的保存

剪断

1 支茎上会开出 4～5 朵硕大的花。

花一凋谢最好就切掉，此外，为使鳞茎长得更肥大，可在基部施以化学肥料。

水

变黄的叶子

如果叶子发黄，就要减少给水。

纸箱

叶子枯萎后，切除土表以上的部分，连同钵盆一起放入纸箱，放在室内保存，隔年再种植。

美人蕉

栽培要诀

美人蕉是美人蕉科根茎植物。适合春天种植。非常容易种植，但不耐干旱，需要充足的水分。

月份	1	2	3	4	5	6	7	8	9	10	11	12
种植				■	■	■						
开花							■	■	■	■		
保存											■	

＊春季种植

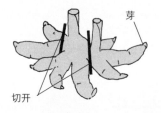

芽

切开

如何取得

可直接到园艺店购买根茎。如果要盆栽，最好选择植株不要太高的品种。如果是从土里挖出来、上面附有芽的根茎，可以切成 2～3 个分别种植。切口处需用市售的草木灰敷盖。

栽植

要植入花坛时，须在 10～14 天前将土表以下 30～40 厘米深的土翻松、挖洞，并在洞的底部放入堆肥、化学肥料、石灰等。栽植完成后，要浇灌足够的水分。

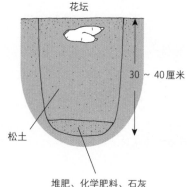

花坛

30～40 厘米

松土

堆肥、化学肥料、石灰

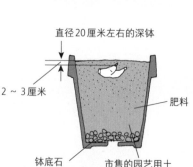

直径20厘米左右的深钵

2～3 厘米

肥料

钵底石

市售的园艺用土

使用盆栽时，须在直径 20 厘米左右的深钵里放入园艺用土。无论是花坛或钵盆，根茎埋入土壤的深度都是 2～3 厘米。移植完成后浇灌足够的水分。

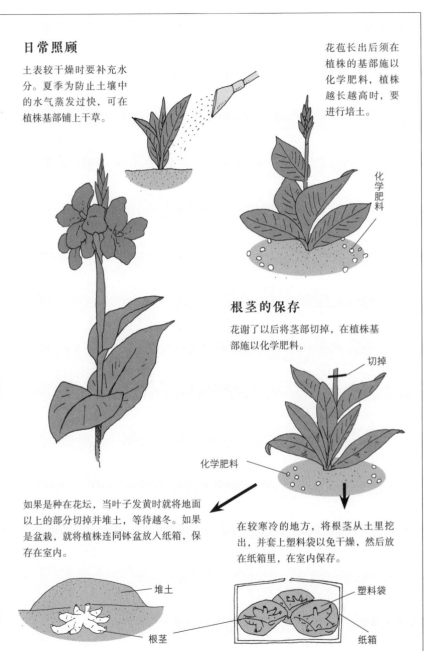

日常照顾

土表较干燥时要补充水分。夏季为防止土壤中的水气蒸发过快，可在植株基部铺上干草。

花苞长出后须在植株的基部施以化学肥料，植株越长越高时，要进行培土。

化学肥料

根茎的保存

花谢了以后将茎部切掉，在植株基部施以化学肥料。

切掉

化学肥料

如果是种在花坛，当叶子发黄时就将地面以上的部分切掉并堆土，等待越冬。如果是盆栽，就将植株连同钵盆放入纸箱，保存在室内。

堆土

根茎

在较寒冷的地方，将根茎从土里挖出，并套上塑料袋以免干燥，然后放在纸箱里，在室内保存。

塑料袋

纸箱

剑兰

栽培要诀

剑兰是鸢尾科的春植球根植物。适合生长在日照充足、通风良好的环境。花期很长，只要是在花期中种植，花都会陆续开放。

月份	1	2	3	4	5	6	7	8	9	10	11	12
种植												
开花												
保存												

* 春季种植

如何取得

可直接到园艺店购买球根。球根宜选择高度够、没有受伤的。花的颜色有许多种。

没有受伤

高度够

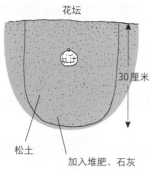

花坛

松土

加入堆肥、石灰

30厘米

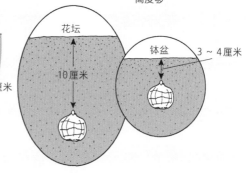

花坛

10厘米

钵盆

3～4厘米

栽植

植入花坛时，须在 10～14 天前将土翻松30 厘米深，并让土壤吸收堆肥和石灰，然后将球根埋入 10 厘米深的位置。如果要换植到钵盆或栽培槽，球根埋在 3～4 厘米处即可。球根的间隔，花坛是 15 厘米，直径 20 厘米的钵里则可种 5～6 个。种植完成后浇灌足够的水分。

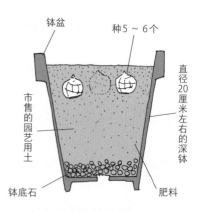

钵盆

种 5～6 个

市售的园艺用土

直径20厘米左右的深钵

钵底石

肥料

日常照顾

水

不要让土的表面干燥，随时要有足够的水分。

化学肥料

长出几片本叶后，须在植株基部补充化学肥料。

茎部长高、花苞出现以后，必须培土和竖立支柱。

培土

凋谢的花

凋谢的花要立刻摘除。花谢后将花穗切掉，并且为了使球根长得肥大，要在植株基部添加化学肥料。

网子

新球根

木子

摘除老的球根

球根的保存

叶子发黄时将球根从土中挖出，清除掉上面的泥土后阴干，留下木子，摘除老根。然后将新球根和木子一起放入网子里，保存在阴凉处。

大丽花

栽培要诀

大丽花是菊科春植球根植物。适合生长在日照充足、通风良好的环境。种植球根时不需要埋得太深，植株长高后为了预防倒下，需要进行培土。

月份	1	2	3	4	5	6	7	8	9	10	11	12
种植			▬	▬								
开花						▬	▬	▬	▬	▬		
保存										▬	▬	

*春季种植

如何取得

可直接到园艺店购买球根。如果有已挖出并附有芽的球根，可分别切开种植。

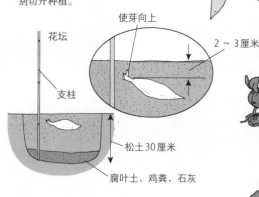

剪断

芽

使芽向上

2～3厘米

花坛

支柱

松土30厘米

腐叶土、鸡粪、石灰

栽植

种在花坛里时，10～14天前须将土翻松30厘米深，并在底部埋入腐叶土、鸡粪、石灰等。若是盆栽，要用直径24厘米左右的深钵并放入园艺用土。花坛或钵盆的种植深度都是2～3厘米，并且一定要立支柱。种植完成后给予大量的水分。

支柱

市售的园艺用土

直径24厘米左右的深钵

钵底石

肥料

306

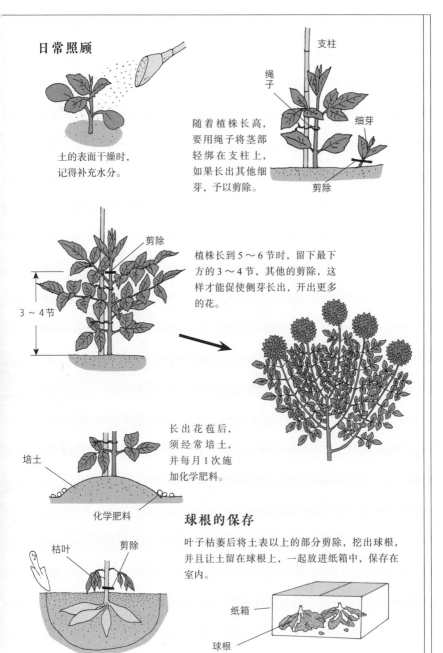

日常照顾

土的表面干燥时，记得补充水分。

支柱

绳子

细芽

剪除

随着植株长高，要用绳子将茎部轻绑在支柱上，如果长出其他细芽，予以剪除。

剪除

3～4节

植株长到5～6节时，留下最下方的3～4节，其他的剪除，这样才能促使侧芽长出，开出更多的花。

培土

化学肥料

长出花苞后，须经常培土，并每月1次施加化学肥料。

球根的保存

枯叶

剪除

叶子枯萎后将土表以上的部分剪除，挖出球根，并且让土留在球根上，一起放进纸箱中，保存在室内。

纸箱

球根

银莲花

栽培要诀

冠状银莲花（又称罂粟秋牡丹）是毛茛科秋植球根植物。不耐高温、多湿，适合生长在日照充足、排水良好的环境。如果是盆栽，最好放在可以晒到太阳的窗边。

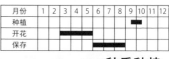

月份	1	2	3	4	5	6	7	8	9	10	11	12
种植									■	■		
开花			■	■	■							
保存						■	■	■				

＊秋季种植

如何取得

可直接到园艺店购买球根。花有单瓣、复瓣的，颜色有红色、白色等。

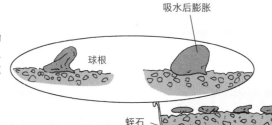

吸水后膨胀

球根

草莓盒

蛭石

底部打洞

栽植

由于球根很干燥，种植前 2 ～ 3 天须放在潮湿的蛭石上吸收水分。

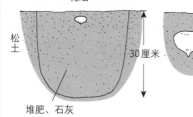

花坛

松土

30 厘米

堆肥、石灰

3 厘米

15 ～ 20 厘米

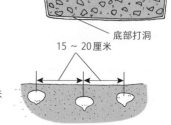

直径 15 厘米左右的深钵

1 ～ 2 厘米

种入 3 个

市售的园艺用土

钵底石

准备植入花坛时，须在 10 ～ 14 天前松土 30 厘米深，并加上堆肥和石灰，然后将球根的尖头朝下，埋入距土表 3 厘米以下的地方。若种在钵盆或栽培槽里，则深度 1 ～ 2 厘米即可。球根的间隔，在花坛里是 15 ～ 20 厘米，直径 15 厘米左右的深钵，则每个钵里种 3 个。种植完成后要浇灌充足的水分。

日常照顾

土表干燥时要补充水分，
但注意不要过多。

剪断

凋谢的花

室内的盆栽，要放在日照充足的窗边。
花开、花谢后要立刻摘除。

叶子开始长出来时，要在植株基
部施以化学肥料，每月1次。

化学肥料

球根的保存

花谢了以后，将茎部切掉。为使球
根长的肥大，在植株周围添加化学
肥料。

化学肥料

6月左右叶子变黄时，将球根挖出，清除掉上
面的泥土后阴干，放入纸袋中保存。

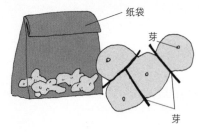

纸袋

芽

芽

保存的球根可以在秋天种植，如果球
根上有芽，可切开分别种植。

番红花

栽培要诀

番红花属于鸢尾科秋植球茎植物。种在花坛里时，必须日照充足并且排水良好。盆栽则要注意给水不可间断。

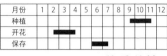

月份	1	2	3	4	5	6	7	8	9	10	11	12
种植										▬	▬	
开花		▬	▬	▬								
保存						▬	▬					

＊秋季种植

如何取得

可直接到园艺店购买球茎。选择较肥大且没有受伤的。花的颜色有紫、黄、白等。

芽没有受伤

较大的

栽植

如果准备种植到花坛，须在 10 ～ 14 天将土表 30 厘米深的土翻松，并让土壤吸收堆肥和石灰，然后将球茎埋入距土表 4 ～ 5 厘米以下的地方。

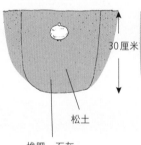

30厘米

4 ～ 5厘米

松土

堆肥、石灰

花坛

5厘米

若种在钵盆或栽培槽里，球茎只要刚好被土盖住即可。球茎的间隔，花坛是 5 厘米，直径 15 厘米的深钵，每个钵里可以种 5 个。种植完成后浇灌足够的水分。

刚好在土表以下

市售的园艺用土

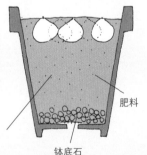

直径15厘米左右的深钵

肥料

钵底石

日常照顾

土表较干燥时要补充水分，并注意不可间断给水。

水

种在钵盆或栽培槽里时，12月中旬宜放在寒冷的屋外，1月时搬进室内靠窗有阳光的地方，2月中旬左右就会开花了。

球茎的保存

花谢了以后，在植株周围添加化学肥料。

化学肥料

叶子枯萎后将球茎挖出，干燥后放在纸袋中保存。

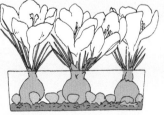

纸袋

球茎

水栽

在较浅的容器里铺上饱含水分的水苔，并加入少许根部防腐剂。将球茎放入，并在球茎之间放小石子，以防滚动。

小石子

水苔

需要经常换水，以免长出霉菌。

311

仙客来

栽培要诀

仙客来是报春花科秋植球根植物。一般开始种植时都是买市售的盆栽培育。宜放在室内日照充足、通风良好的地方。

＊秋季种植

如何取得

可直接到园艺店购买盆栽。选择整体生长较集中、叶子有光泽的。

日常照顾

整体生长集中

叶子茂盛

水

土表干燥时，将叶子拨开，从盆子边缘浇水。

将已经谢掉的花连同花茎一起摘掉。

如果有发黄的叶子也要赶快摘掉。

发黄的叶子

天冷时，将盆子移到晒得到太阳的窗边。天热时则移到阴凉的地方。

移植

夏季时将叶子剪除，并且停止浇水，让它休眠。

9月左右将块茎拿出来。

清掉附在上面的土，并将根剪断。

剪断

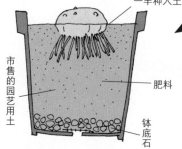

一半种入土中

市售的园艺用土

肥料

钵底石

在新的直径15厘米左右的钵盆里放入园艺用土，将块茎埋入一半，浇水后放在阴凉通风的地方。叶子长出并且数量越来越多时，将盆栽移到太阳晒得到的窗边。

水仙

栽培要诀

水仙属于石蒜科秋植鳞茎植物。喜好日照充足、排水良好的环境。要注意的是，如果水分不足，是不会开花的。

月份	1	2	3	4	5	6	7	8	9	10	11	12
种植										▬	▬	
开花		▬	▬	▬								
保存						▬	▬					

＊秋季种植

如何取得

可以直接到园艺店购买鳞茎。选择较重的。品种很多，有花朵较大的喇叭水仙和重瓣水仙等。

较重的

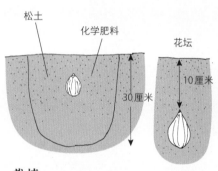

松土
化学肥料
花坛
10厘米
30厘米
10厘米

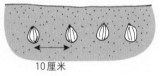

栽植

准备植入花坛时，须在 10～14 天前将土表30 厘米深的土翻松，并让土壤吸收化学肥料，然后将鳞茎埋入距土表 10 厘米以下的地方。若种在钵盆或栽培槽里，鳞茎的顶部刚好埋住即可。

鳞茎的间隔，在花坛里是 10 厘米，直径约 20 厘米的深钵，每个钵中可种大鳞茎 3 个或小鳞茎 5 个。种植完成后浇灌足够的水分。

种入 3～5 个
头部露出

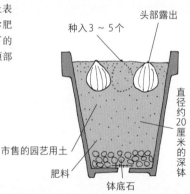

直径约20厘米的深钵

市售的园艺用土
肥料
钵底石

日常照顾

土的表面较干燥时，要添加足够的水，千万不可缺水。

化学肥料

发芽后要在植株的基部补充化学肥料。

如果是盆栽，12月底以前要放在屋外日照充足的地方，1月时搬进室内可以晒得到太阳的窗边，很快就会开花了。

12月底以前放在屋外

鳞茎的保存

花谢了以后将花茎剪掉。为使鳞茎长得肥大，须在植株基部添加化学肥料。

剪掉

化学肥料

叶子发黄后，将土表以上的部分切掉，挖出鳞茎予以干燥。完全干燥后放入网子，保存在阴凉处。如果是种在花坛里，可以不挖出鳞茎，隔年还是会开花。

网子

郁金香

栽培要诀

郁金香是百合科秋植鳞茎植物。适合种植在日照充足、通风良好的地方。如果在花坛里将各种颜色的郁金香交错种植，看上去十分热闹华丽。

栽植

种在花坛里，须在植入前 10～14 天将土表 30 厘米深的土翻松，并让土壤吸收化学肥料和石灰，然后将鳞茎埋入距土表 10～12 厘米以下的地方。种在钵盆或栽培槽里，鳞茎的顶部刚好露出来即可。花坛最好每隔 15 厘米以锯齿状种植，在直径 20 厘米左右的深钵里，则每个钵种 3 个最恰当。种植完成后浇灌足够的水分。

月份	1	2	3	4	5	6	7	8	9	10	11	12
种植									■	■	■	
开花				■	■							
保存						■	■					

＊秋季种植

如何取得

可直接到园艺店购买鳞茎。宜选择较大且没有受伤的。品种很多，花的颜色、形状、大小也都有所不同。

较大的

没有受伤

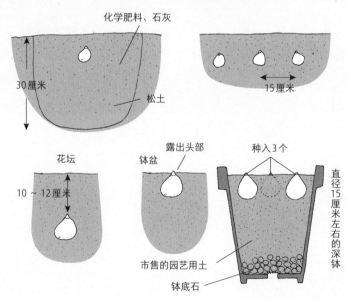

化学肥料、石灰

30 厘米

松土

15 厘米

花坛

10～12 厘米

钵盆

露出头部

种入 3 个

直径 15 厘米左右的深钵

市售的园艺用土

钵底石

日常照顾

土表干燥时要补充足够的水分，注意不要有缺水的情况。

如果是室内盆栽，要将它放在窗边通风但不太热的地方。每年4～5月会开花。

2～3月，花的芽长出来以后，要在植株的基部补充化学肥料。

化学肥料

鳞茎的保存

花谢了以后将花茎切掉。为使鳞茎长得肥大，在植株基部施以化学肥料。

凋谢的花 ——

剪断

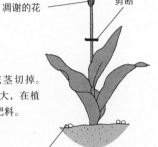

化学肥料

剪断

新的鳞茎 ——

叶子发黄时将鳞茎挖出，切掉土表以上的部分，清除鳞茎上的泥土后阴干，装在网子里保存在凉爽的地方。

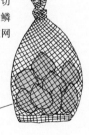

网

百合

栽培要诀

百合是百合科秋植鳞茎植物。百合是靠着长在鳞茎上部的根来吸收养分，因此无论是种在花坛或钵盆里，都要种深一点。

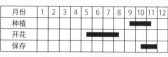

月份	1	2	3	4	5	6	7	8	9	10	11	12
种植												
开花												
保存												

＊秋季种植

如何取得

可直接到园艺店购买鳞茎。宜选择鳞片打开但未脱落的。品种有许多，包括日本百合、药百合、麝香百合等。

鳞片没有脱落的

栽植

种在花坛时，须在植入前 10～14 天将土表 30 厘米深的土翻松，然后加入腐叶土及化学肥料。盆栽的钵盆要选用较深的。无论是种在花坛或钵盆，鳞茎都须埋入距土表 10～15 厘米以下的地方。

腐叶土、化学肥料

松土

30 厘米

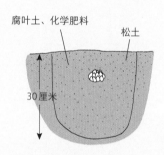

直径20厘米左右的深钵

10～15厘米

市售的园艺用土

肥料

钵底石

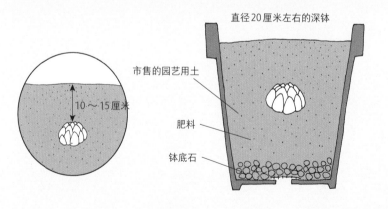

日常照顾

水

液态肥料

土的表面变干燥时要补充足够的水。
将液态肥料以水稀释，每 10 天施肥 1 次。

支柱

植株长高后要
立支柱，并且
每隔一段距离
用绳子将茎绑
在支柱上。

凋谢的花要立刻剪除。

剪除

凋谢的花

鳞茎的保存

即使花已经谢了，但为使鳞
茎长得更肥大，还是要和之
前一样，继续浇水和施肥。

叶子枯萎后，9 月左右，将地表以上的部分切掉，挖出鳞
茎。新的鳞茎要立刻种植。将鳞片剥下来，插入蛭石或
小粒的赤玉土里，就可以长出植株。

鳞片

鳞片

蛭石或赤玉土

风信子（水栽）

栽培要诀

风信子是百合科秋植鳞茎植物。用水栽就可以了，十分简单。水栽的方式与番红花、水仙相同。如果是栽培在土里，则和番红花相同。

月份	1	2	3	4	5	6	7	8	9	10	11	12
种植										▬	▬	
开花		▬	▬									
保存				▬								

＊秋季种植

如何取得

可直接到园艺店购买鳞茎。选择芽和根没有受伤、且较大较重的。

鳞茎的放置

将鳞茎放在适合的容器里，让水刚好浸到鳞茎的底部。

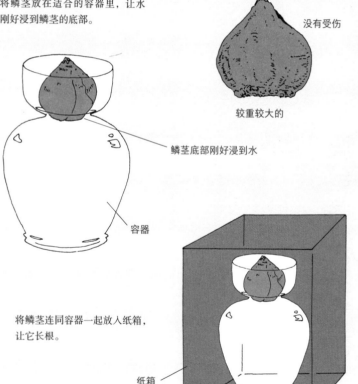

芽

没有受伤

较重较大的

鳞茎底部刚好浸到水

容器

将鳞茎连同容器一起放入纸箱，让它长根。

纸箱

320

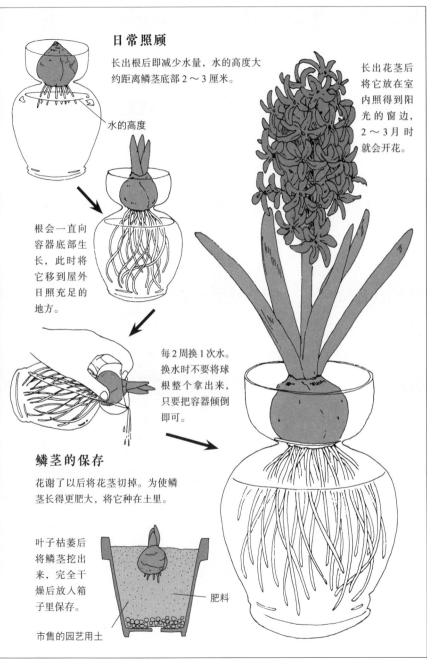

日常照顾

长出根后即减少水量，水的高度大约距离鳞茎底部2～3厘米。

水的高度

长出花茎后将它放在室内照得到阳光的窗边，2～3月时就会开花。

根会一直向容器底部生长，此时将它移到屋外日照充足的地方。

每2周换1次水。换水时不要将球根整个拿出来，只要把容器倾倒即可。

鳞茎的保存

花谢了以后将花茎切掉。为使鳞茎长得更肥大，将它种在土里。

叶子枯萎后将鳞茎挖出来，完全干燥后放入箱子里保存。

肥料

市售的园艺用土

食虫植物（猪笼草、捕蝇草）

猪笼草

栽培要诀

猪笼草是猪笼草科多年生草本植物。原产于热带地区，因此很适合种植在高温、多湿的地方。不需要刻意喂食昆虫。

移植

大约2年就需要移植。将老的水苔丢弃，过分生长的根剪除，再用新的水苔包住根部，整个放入钵盆中，空隙的地方再塞入水苔，然后加水。

用新的水苔包住

水苔

钵底石

水

盛水盘

如何取得

可直接到园艺店购买盆栽。其中以一种杂交种的猪笼草最耐寒。

日常照顾

在盛水盘里注入水，将钵盆放入吸收水分。夏季将盆栽放在屋外阳光直射不到的地方，冬季则放在市售的小型温室中，或是室内较温暖的场所。

捕蝇草

栽培要诀

捕蝇草是茅膏菜科多年生草本植物。注意不要让它缺水。

将旧土脱除

用新的水苔包住

钵底石

盛水盘   水

如何取得

可以直接到园艺店购买盆栽。买的时候如果是种在塑料盆的，之后需要移植。

移植

将植株从塑料衬盆中连同泥土一起取出，在水中将旧的土和水苔清除掉。用新的水苔包住根部后植入新盆，并浇灌足够的水分。

水苔

日常照顾

在盛水盘里注入水，将钵盆放入吸收水分。春季到秋季将盆栽放在屋外阳光充足的地方，冬季则移回室内，同样放在阳光充足的地方。

蟹爪兰

栽培要诀

蟹爪兰是仙人掌科多年生草本植物。大约在圣诞节左右开花。
避免日光直射，水量也要控制得宜。

如何取得

每年 10 ～ 11 月到处都可见蟹爪兰
的盆栽，可以选购已经开了少量花
朵的比较好培育。

开少许的花

日常照顾

可将盆栽放在窗边阳光透过纱帘照进来的地
方。对多变的环境抵抗力很差，所以一旦放
定了就不要随便搬移。

花朵陆续开放的过程中，土的表面有点
干就补充少许水分。花谢了以后每周浇
水 1 次即可，保持些微干燥。

移植

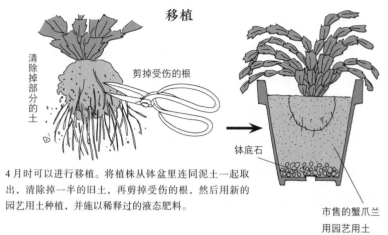

清除掉部分的土

剪掉受伤的根

钵底石

市售的蟹爪兰
用园艺用土

4 月时可以进行移植。将植株从钵盆里连同泥土一起取出，清除掉一半的旧土，再剪掉受伤的根，然后用新的园艺用土种植，并施以稀释过的液态肥料。

用芽扦插增生

摘掉

插入叶子

鹿沼土

钵底石

4 月到 5 月之间，摘掉 2 节叶子后插入鹿沼土或蛭石里，1 个月左右就会长出根。土表干燥时要补充水分。

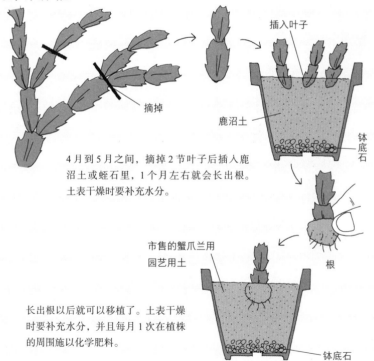

市售的蟹爪兰用园艺用土

根

长出根以后就可以移植了。土表干燥时要补充水分，并且每月 1 次在植株的周围施以化学肥料。

钵底石

让切花维持更长时间的秘诀

　　花坛里开出美丽的花朵，任谁看了都会心旷神怡，但有时我们也希望能将生机盎然的切花插在花器里，或是设计成花束送给别人当作礼物。

　　切花的时候，切得好或不好与剪刀的使用有很大的关系。如果只是将花茎随便一剪就插在瓶子里，往往无法维持很长久，因为切口处用来吸水的组织里有空气进入，会阻碍水分的吸收。

　　正确的方法是将切花浸在水中，从花茎末端3～4厘米处以剪刀剪断。另外一个技巧是，为了使切口与水的接触面积增大，会将花茎斜切。其他像是茎部较脆的菊科植物，可以在水中直接折断。此外，如果慢慢不新鲜了，可以将茎的最末端5厘米烧到呈现黑色即可。

　　当然，市面上也有可让切花维持更长时间的药品，不妨到鲜花店或园艺店咨询。

蔬菜・香药草
的培育

草莓

栽培要诀

草莓是蔷薇科多年生草本植物。喜好日照充足、湿润的土地。从植株基部长出的匍匐茎上附有根的子株，如果在春天种植，隔年春天就会结出果实。

月份	1	2	3	4	5	6	7	8	9	10	11	12
种植				■						■		（子株）
收成					■							

＊春季种植

如何取得

初春时可到园艺店购买种在塑料衬盆里的幼苗。与其选择植株较大的，不如选择花苞多且叶子健康有光泽的。

叶子健康的

栽植

在栽培槽里放入园艺用土，将幼苗从塑料衬盆中取出后浅浅种在土中，然后施以液态肥料。土的表面干燥时要补充水分，每周用液态肥料施肥 1 次。

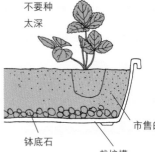

不要种太深

钵底石

栽培槽

市售的园艺用土

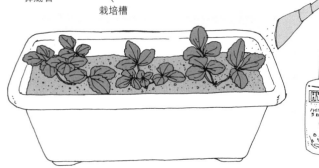

液态肥料

收成

果实呈现艳红色时就表示成熟了，最好在果实里水分含量较多的早晨收成。

日常照顾

植株长出匍匐茎时，将子株移到钵盆里生根。

子株

钵盆

匍匐茎

长出根之后剪断

子株长出许多根时，将匍匐茎剪断。
子株用液态肥料每周施肥 1 次。
9～10 月时将子株移植到栽培盆里。

毛豆

栽培要诀

毛豆是豆科一年生草本植物。注意保持土壤湿润。种植在日照充足的地方较佳。

月份	1	2	3	4	5	6	7	8	9	10	11	12
播种				▬								
收成								▬				

＊春季播种

如何取得

可直接到园艺店购买种子。豆荚里刚刚长出来的就是毛豆，可以从种子的膨大程度确认。

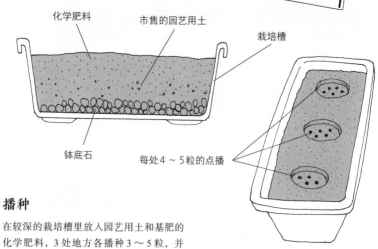

化学肥料　市售的园艺用土　栽培槽

钵底石　每处4～5粒的点播

播种

在较深的栽培槽里放入园艺用土和基肥的化学肥料，3处地方各播种3～5粒，并浇灌足够的水分。

日常照顾

种子发芽、本叶展开后，以每处留下 2 株，其余从植株基部剪除的方式予以疏苗。

剪刀

水

液态肥料

土的表面干燥时要补充水分。
以水稀释液态肥料，每周施肥 1 次。

植株的基部要经常培土。

收成

当长出种子、豆荚膨胀变大时，立刻收成就是毛豆。如果放置不管，直到豆荚变黄，所收成的就是大豆。

黄瓜

栽培要诀

黄瓜是葫芦科蔓藤性一年生草本植物。如果有较大的钵盆，可以放在阳台上栽培。成长过程中需要立支柱、整理繁茂杂乱的叶子，并使通风良好。

月份	1	2	3	4	5	6	7	8	9	10	11	12
种植				■								
收成							■■■					

＊春季种植

如何取得

可直接到园艺店购买幼苗。向上攀沿生长的品种很适合在阳台上栽培。购买幼苗时宜选择本叶长出 5～6 片、茎较粗、节间较密的。

节间较密的

本叶 5～6 片

茎较粗的

高 1.5 米的支柱

绑住

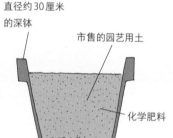

直径约 30 厘米的深钵

市售的园艺用土

化学肥料

钵底石

栽植

在直径 30 厘米左右的深钵中放入园艺用土和基肥的化学肥料。植株种植完成后竖立支柱，并将蔓茎轻轻卷绕在上面，浇灌足够的水分。随着蔓茎日渐成长，用绳子将茎绑在支柱上，以免倾倒。

剪掉

日常照顾

将蔓茎超过支柱顶端的部分剪掉。

发黄的叶子要立刻摘除，此外，因植株过于茂盛而被挡住的叶子也要修剪，以使通风更好。

花

剪断

土的表面干燥时要补充水分。以水稀释液态肥料，每周施肥1次。

HYPONeX

液态肥料

收成

果实不太大时就采收比较好，因为太大的不但滋味尽失，还会使植株不胜负荷。

西瓜

栽培要诀

西瓜是葫芦科蔓藤性一年生草本植物。
适合种植在日照充足、排水良好的地方。

月份	1	2	3	4	5	6	7	8	9	10	11	12
种植					▬							
收成								▬				

＊春季种植

如何取得

可直接到园艺店购买嫁接苗。
选择本叶4～5片、茎较粗的。

本叶4～5片

茎较粗的

嫁接苗

栽植

种植前要将30厘米深的土翻松，
加入堆肥、腐叶土，并做出10厘
米高的垄。种植后充分浇水。

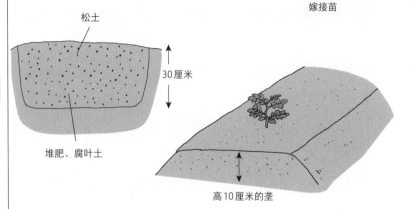

松土

30厘米

堆肥、腐叶土

高10厘米的垄

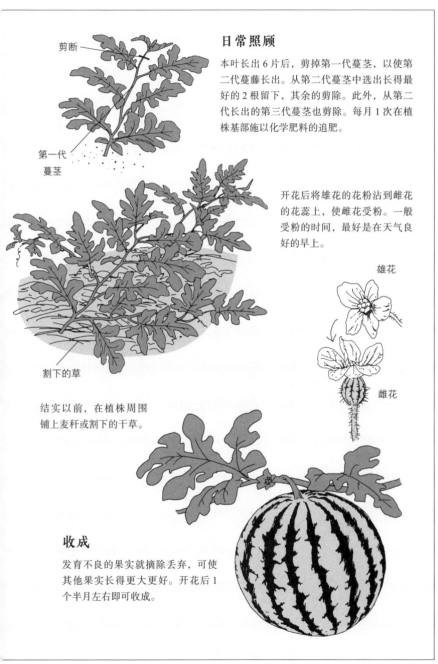

剪断

第一代
蔓茎

日常照顾

本叶长出 6 片后，剪掉第一代蔓茎，以使第二代蔓藤长出。从第二代蔓茎中选出长得最好的 2 根留下，其余的剪除。此外，从第二代长出的第三代蔓茎也剪除。每月 1 次在植株基部施以化学肥料的追肥。

开花后将雄花的花粉沾到雌花的花蕊上，使雌花受粉。一般受粉的时间，最好是在天气良好的早上。

雄花

割下的草

雌花

结实以前，在植株周围铺上麦秆或割下的干草。

收成

发育不良的果实就摘除丢弃，可使其他果实长得更大更好。开花后 1 个半月左右即可收成。

玉米

栽培要诀

玉米是禾本科一年生草本植物。若要结出大量的果实，种植时植株要较为密集，以提高受粉效率。

月份	1	2	3	4	5	6	7	8	9	10	11	12
播种				■								
收成							■■					

＊春季播种

如何取得

可直接到园艺店购买种子。

播种

在塑料衬盆里放入园艺用土，将 3 粒种子点播，再覆盖上 1.5 厘米厚的土。发芽后将发育最好的 1 株留下。

市售的园艺用土

3粒点播

钵底石

塑料衬盆

本叶长出 3 片后进行换盆。

栽植

种植前要将 30 厘米深的土翻松，加入堆肥、石灰、化学肥料。做出高 10 厘米的垄，每隔 30 厘米植入 1 株。

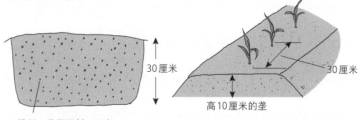

30厘米

堆肥、化学肥料、石灰

30厘米

高 10 厘米的垄

日常照顾

每月在植株基部加化学肥料的追肥并进行培土。由于会不断长高，因此要经常培土。

雄花

培土

化学肥料

雌花

长在茎部顶端的是雄花，该植株的雌花受粉是来自其他植株的雄花。

收成

当雌花的须缩在一起，果实触摸起来很饱满时，就可以从基部割下采收。如果不想让甜味降低，采收后尽快食用。

番茄

栽培要诀

番茄是茄科多年生草本植物。如果有大型的钵盆，可以在阳台上种植。生长过程中要立支柱，并摘掉侧芽，以使果实结得更大。迷你番茄的栽培方法也相同。

月份	1	2	3	4	5	6	7	8	9	10	11	12
种植				▬								
收成							▬▬▬				

＊春季种植

如何取得

可直接到园艺店购买幼苗。
选择茎较粗、节间较密的。

栽植

在直径30厘米左右的深钵里放入园艺用土和基肥的化学肥料。种植完成后竖立支柱，并用绳子轻轻将茎绑在支柱上，浇灌充分的水。随着茎的生长，要再增加绳子的绑点，以免植株倾倒。

叶子伸展得很长

茎较粗的

高1.5米的支柱

绑住

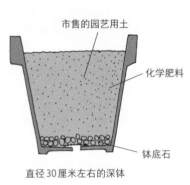

市售的园艺用土

化学肥料

钵底石

直径30厘米左右的深钵

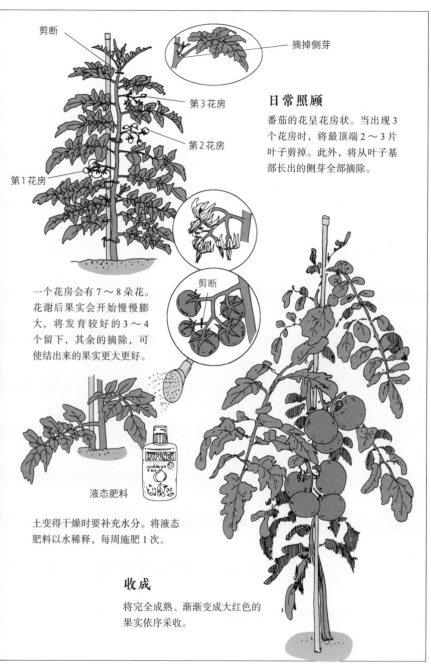

剪断

摘掉侧芽

第3花房

第2花房

第1花房

日常照顾

番茄的花呈花房状。当出现3个花房时，将最顶端2～3片叶子剪掉。此外，将从叶子基部长出的侧芽全部摘除。

一个花房会有7～8朵花。花谢后果实会开始慢慢膨大，将发育较好的3～4个留下，其余的摘除，可使结出来的果实更大更好。

剪断

液态肥料

土变得干燥时要补充水分。将液态肥料以水稀释，每周施肥1次。

收成

将完全成熟、渐渐变成大红色的果实依序采收。

茄子

栽培要诀

茄子是茄科多年生草本植物。非常容易栽培，并且有很长的收获期。适合种植在日照充足的地方。

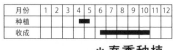

月份	1	2	3	4	5	6	7	8	9	10	11	12
种植												
收成												

＊春季种植

如何取得

可直接到园艺店购买幼苗。选择茎较粗、有叶子，并且叶子有光泽的。

茎较粗的

叶子健康的

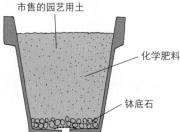

市售的园艺用土

化学肥料

钵底石

直径30厘米左右的深钵

临时支柱

绑住

栽植

在直径30厘米左右的深钵里放入园艺用土和基肥的化学肥料。种植完成后竖立临时支柱，再用绳子将茎轻轻绑住，并浇灌足够的水分。

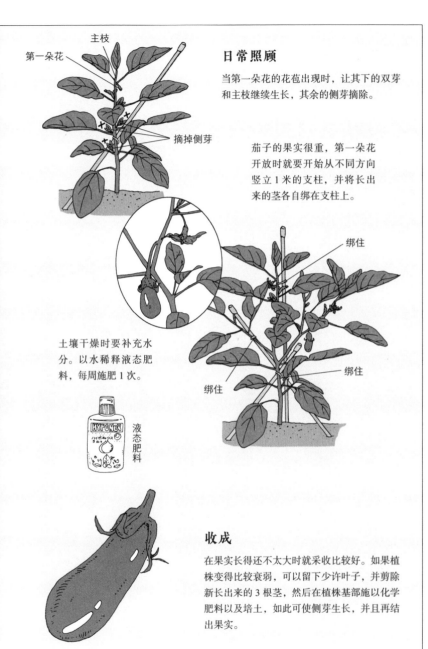

主枝

第一朵花

摘掉侧芽

日常照顾

当第一朵花的花苞出现时，让其下的双芽和主枝继续生长，其余的侧芽摘除。

茄子的果实很重，第一朵花开放时就要开始从不同方向竖立1米的支柱，并将长出来的茎各自绑在支柱上。

绑住

绑住

绑住

土壤干燥时要补充水分。以水稀释液态肥料，每周施肥1次。

液态肥料

收成

在果实长得还不太大时就采收比较好。如果植株变得比较衰弱，可以留下少许叶子，并剪除新长出来的3根茎，然后在植株基部施以化学肥料以及培土，如此可使侧芽生长，并且再结出果实。

青椒

栽培要诀

青椒在温带是茄科一年生草本植物。栽培时要特别注意土壤不可干燥。青椒适合生长在日照充足的地方。狮子唐辛子（一种小青椒）也是用同样的方法栽培。

月份	1	2	3	4	5	6	7	8	9	10	11	12
种植												
收成												

* 春季种植

如何取得

可直接到园艺店购买幼苗。选择茎较粗、叶子有光泽的。

叶片有光泽

茎较粗的

市售的园艺用土

栽培槽

化学肥料

钵底石

将换植的洞穴以水湿润

栽植

在栽培盆里放入园艺用土和基肥的追肥肥料。种植前将植入的洞穴以水湿润。完成后浇灌充足的水。

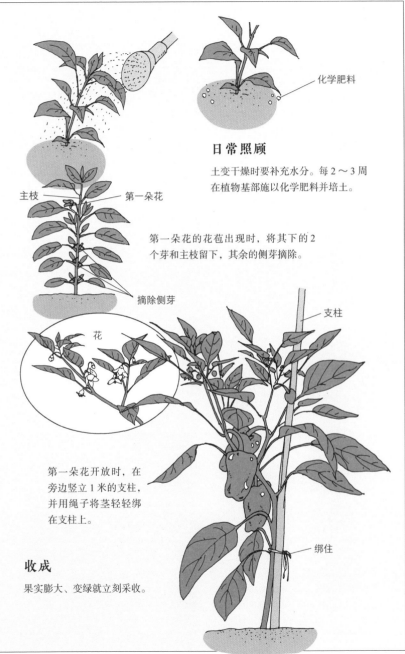

化学肥料

日常照顾

土变干燥时要补充水分。每 2～3 周在植物基部施以化学肥料并培土。

主枝　　　第一朵花

第一朵花的花苞出现时，将其下的 2 个芽和主枝留下，其余的侧芽摘除。

摘除侧芽

花

支柱

第一朵花开放时，在旁边竖立 1 米的支柱，并用绳子将茎轻轻绑在支柱上。

绑住

收成

果实膨大、变绿就立刻采收。

番薯

栽培要诀

番薯是旋花科多年生草本植物。番薯不能直接以本身培育，而要以幼苗培育。喜好生长在日照充足的环境，夏天要注意不要给水不足。

月份	1	2	3	4	5	6	7	8	9	10	11	12
种植					■	■						
收成										■	■	

＊春季种植

如何取得

可直接到园艺店购买幼苗。选择有7～8节、茎粗、叶大且厚的。

栽植

在直径30厘米左右的深钵中放入园艺用土和基肥的化学肥料，将幼苗后面5节种入土中，叶子则露出土表。

叶子大且厚的

茎较粗的

7～8节

叶在土表以上

钵底石

市售的园艺用土

化学肥料

直径约30厘米、深约30厘米的钵盆

埋入5节

水

种植完成后浇灌足够的水，放在阴凉处1天半以后再移到日照充足的地方。

剪掉

日常照顾

长出根以及 5～6 片新叶以后，将茎的最前端剪掉，可使侧芽长出，叶子也茂盛。

水

草木灰

梅雨季之前，在植株的基部添加少许草木灰当作追肥。

土的表面干燥时要补充水分。

收成

在尚未降霜前，切掉土表以上的部分，将钵盆反扣，整个倒出来，然后将泥土剥除，采收番薯。

马铃薯

栽培要诀

马铃薯是茄科一年生草本植物。我们日常食用的部分是它的地下块茎。马铃薯不会长到地面上来，因此培土是很重要的。

月份	1	2	3	4	5	6	7	8	9	10	11	12
种植			▬									
收成						▬▬						

＊春季种植

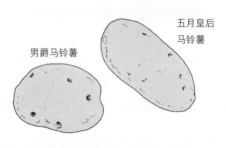

五月皇后马铃薯

男爵马铃薯

如何取得

可直接到园艺店购买种块，其中男爵马铃薯和五月皇后马铃薯是较容易培育的品种。

栽植

将种块剖成两半，为了预防疾病，将切口充分干燥或抹上草木灰。在直径 30 厘米左右的深钵中放入园艺用土和基肥的化学肥料。将半个马铃薯切口向下埋入距土表 10 厘米的位置。因为之后需要培土，因此园艺用土的高度要低于钵盆边缘 10 厘米。种植完成后浇灌足够的水分。

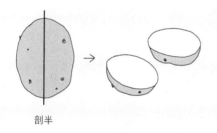

剖半

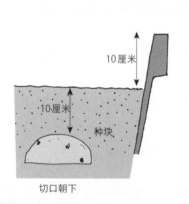

10 厘米

10 厘米

种块

切口朝下

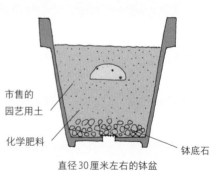

市售的园艺用土

化学肥料

钵底石

直径 30 厘米左右的钵盆

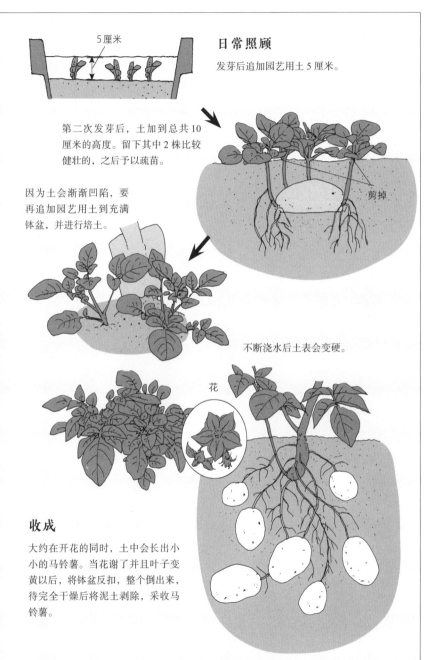

5厘米

日常照顾

发芽后追加园艺用土5厘米。

第二次发芽后，土加到总共10厘米的高度。留下其中2株比较健壮的，之后予以疏苗。

因为土会渐渐凹陷，要再追加园艺用土到充满钵盆，并进行培土。

剪掉

不断浇水后土表会变硬。

花

收成

大约在开花的同时，土中会长出小小的马铃薯。当花谢了并且叶子变黄以后，将钵盆反扣，整个倒出来，待完全干燥后将泥土剥除，采收马铃薯。

胡萝卜

栽培要诀

胡萝卜是伞形科二年生草本植物。发芽率很低，但只要发了芽就很容易栽培。不耐酷暑，因此春、秋季播种较适宜。右表为秋季播种的例子。疏苗后留下发育较好的幼苗培育。

月份	1	2	3	4	5	6	7	8	9	10	11	12
播种								■	■			
收成											■	■

＊秋季播种

如何取得

可直接到园艺店购买种子。如果是在栽培槽里种植，可选择姬萝卜或三寸萝卜等迷你萝卜品种。

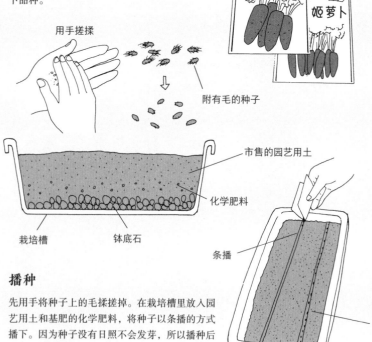

用手搓揉

三寸萝卜

姬萝卜

附有毛的种子

市售的园艺用土

化学肥料

栽培槽　　钵底石

条播

覆盖薄土

播种

先用手将种子上的毛揉搓掉。在栽培槽里放入园艺用土和基肥的化学肥料，将种子以条播的方式播下。因为种子没有日照不会发芽，所以播种后只要在上面覆盖一层薄薄的土。为了避免种子流失，要慢慢地浇水。

日常照顾

发芽后用剪刀疏苗，把发育较好的留下。第一次疏苗是在长出双叶时，之后视苗生长的情况，最后达到植株的间隔为5厘米左右。

剪刀

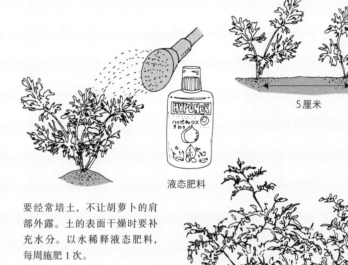

5厘米

液态肥料

要经常培土，不让胡萝卜的肩部外露。土的表面干燥时要补充水分。以水稀释液态肥料，每周施肥1次。

收成

根部变粗后会渐渐浮出土表。当直径达4厘米左右时即可依序采收了。

肩部浮出

樱桃萝卜（二十日萝卜）

栽培要诀

樱桃萝卜是十字花科一年生草本植物。从种子开始栽培，大约 1 个月就可以收成，且任何时间都可播种，是一种非常容易栽培的蔬菜。将不同品种混在一起种植，并错开播种期，便随时都可以收成，十分有乐趣。

如何取得

可直接到园艺店购买种子。根部有白、红、黄等颜色，形状也有圆形的、细长的。将几种一起栽培更添乐趣。

播种

在栽培槽里放入园艺用土和基肥的化学肥料，将种子以条播的方式播下。轻轻覆上一层薄土，为避免种子流失，要小心浇水。若将播种期错开，可连续不断收成。

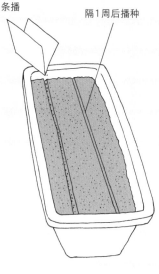

条播

隔1周后播种

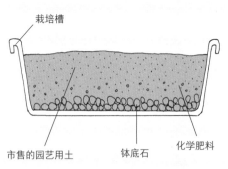

栽培槽

市售的园艺用土

钵底石

化学肥料

剪刀

日常照顾

发芽后，用剪刀疏苗，并将发育较好的留下。第一次疏苗是在长出双叶时，之后视苗生长的情况，最后达到植株的间隔为5～6厘米左右。疏苗中被剪掉的部分可以当作料理旁的装饰菜、加入生菜沙拉或味噌汤里。

5～6厘米

液态肥料

土的表面干燥时要补充水分。将液态肥料以水稀释后，每周施肥1次。

收成

播种后大约1个月、本叶长出5～6片即可采收。如果延迟采收，内部会产生空洞，风味降低。

萝卜缨

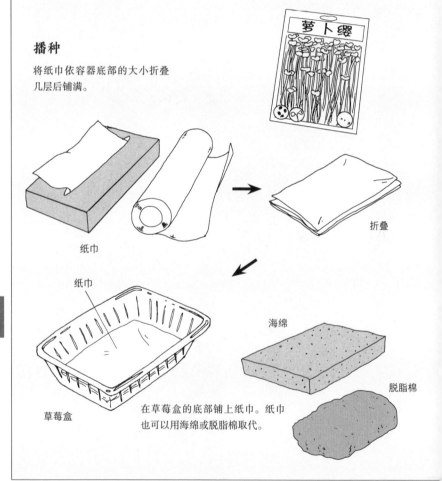

栽培要诀

萝卜缨是萝卜的新芽，属十字花科一年生草本植物。含大量矿物质和维生素C。全年都可以轻松地栽培，1周左右即可收成。秘诀是播种时种子要密集而不重叠。

如何取得

可直接到园艺店购买种子。

播种

将纸巾依容器底部的大小折叠几层后铺满。

萝卜缨

纸巾

折叠

纸巾

海绵

脱脂棉

草莓盒

在草莓盒的底部铺上纸巾。纸巾也可以用海绵或脱脂棉取代。

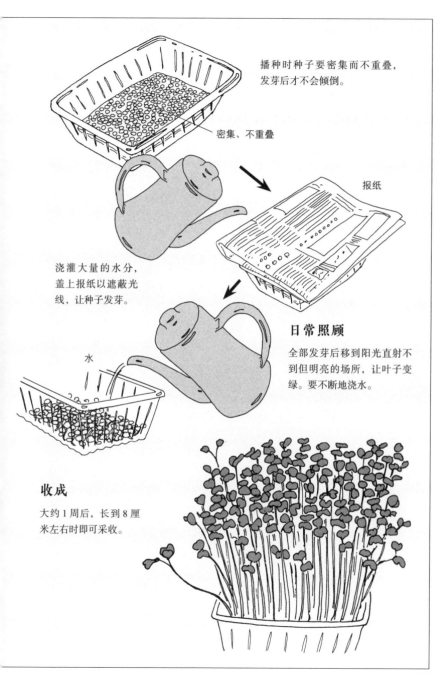

播种时种子要密集而不重叠，
发芽后才不会倾倒。

密集、不重叠

报纸

浇灌大量的水分，
盖上报纸以遮蔽光
线，让种子发芽。

日常照顾

全部发芽后移到阳光直射不
到但明亮的场所，让叶子变
绿。要不断地浇水。

水

收成

大约1周后，长到8厘
米左右时即可采收。

菠菜

栽培要诀

菠菜是藜科二年生草本植物。不耐干热，但十分抗寒，较适合入秋后播种。需要疏苗，以使植株长得茂盛。

月份	1	2	3	4	5	6	7	8	9	10	11	12
播种									▬			
收成											▬	▬

＊秋季播种

如何取得

可直接到园艺店购买种子。

播种

将种子泡在水中一晚，充分吸水后播种。在深度足够的栽培槽里放入园艺用土和化学肥料，条播后覆土，浇灌适量的水分。

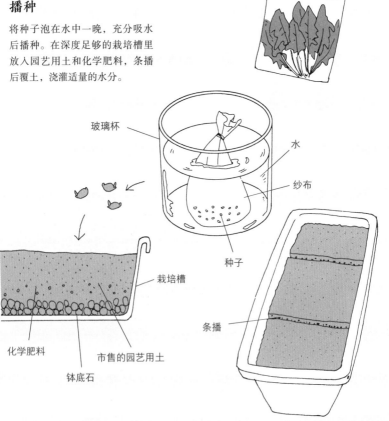

玻璃杯

水

纱布

种子

栽培槽

化学肥料

市售的园艺用土

钵底石

条播

菠菜

354

本叶2片

镊子

日常照顾

发芽并长出 2 片本叶后，
疏苗为间隔 3 厘米。

本叶4 ~ 5片

长出 4 ~ 5 片本叶后，第
二次疏苗，使植株与植株
距离 5 ~ 6 厘米。

5 ~ 6厘米

水

液态肥料

土的表面干燥时要补充水分。
将液态肥料以水稀释，每周
施肥 1 次。

收成

本叶长出 7 ~ 8 片时即可收成，
从土下一小段距离的根部切断。

本叶7 ~ 8片

切断

洋葱

栽培要诀

洋葱是百合科多年生草本植物。从种子开始培育非常困难，一般都是购买幼苗种植。

月份	1	2	3	4	5	6	7	8	9	10	11	12
种植										■		
收成					■							

＊秋季种植

如何取得

10月左右到园艺店购买幼苗。选择茎部粗细1厘米左右的。

茎粗约1厘米

栽植

在栽培槽里放入园艺用土和基肥的化学肥料，像插秧一样将幼苗插入土中。株与株距离10～15厘米。种植完成后浇灌适量的水分。

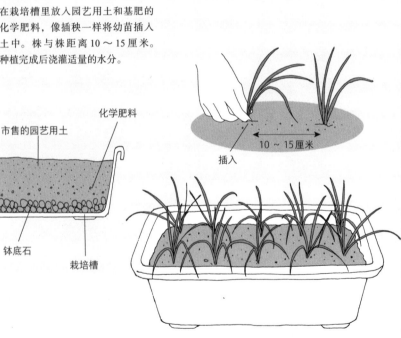

化学肥料

市售的园艺用土

钵底石

栽培槽

10～15厘米

插入

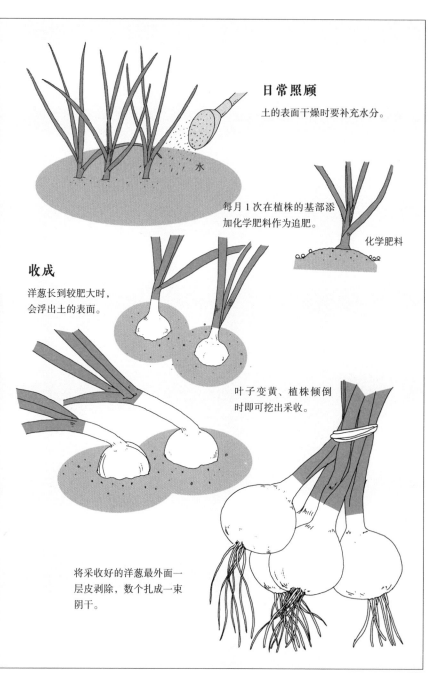

日常照顾

土的表面干燥时要补充水分。

水

每月 1 次在植株的基部添加化学肥料作为追肥。

化学肥料

收成

洋葱长到较肥大时，会浮出土的表面。

叶子变黄、植株倾倒时即可挖出采收。

将采收好的洋葱最外面一层皮剥除，数个扎成一束阴干。

芜菁

栽培要诀

芜菁是十字花科一二年生草本植物。从播种到收成只要短短 40 天，十分容易种植，几乎整年都可栽培，没有特殊时间限制，右表是以秋天播种为例。需要藉着疏苗留下发育较好的幼苗。

月份	1	2	3	4	5	6	7	8	9	10	11	12
播种								▬	▬			
收成										▬	▬	

＊秋季播种

如何取得

可直接到园艺店购买种子。如果准备种在栽培槽里，可选择较小的芜菁品种。

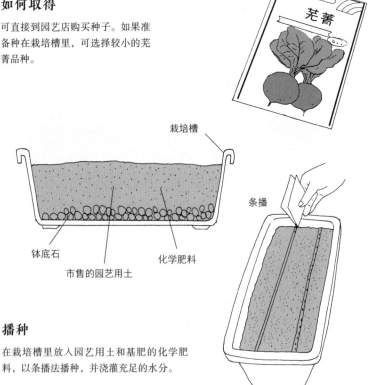

芜菁

栽培槽

钵底石

市售的园艺用土

化学肥料

条播

播种

在栽培槽里放入园艺用土和基肥的化学肥料，以条播法播种，并浇灌充足的水分。

358

剪刀

日常照顾

发芽后用剪刀疏苗，把发育较好的留下。第一次疏苗是在长出双叶时，之后视苗生长的情况，最后达到植株的间隔为10厘米左右。

液态肥料

10厘米

土的表面干燥时要补充水分。疏苗过后立刻施给用水稀释过的液态肥料。要在植株基部培土，以支撑根部。

浮出土表

收成

当根部越长越大时，会从土里浮出来。长到直径4～5厘米即可采收，如果延迟采收，内部会有空洞，外表也会裂开。

水耕栽培（西洋菜、生菜、莴苣等）

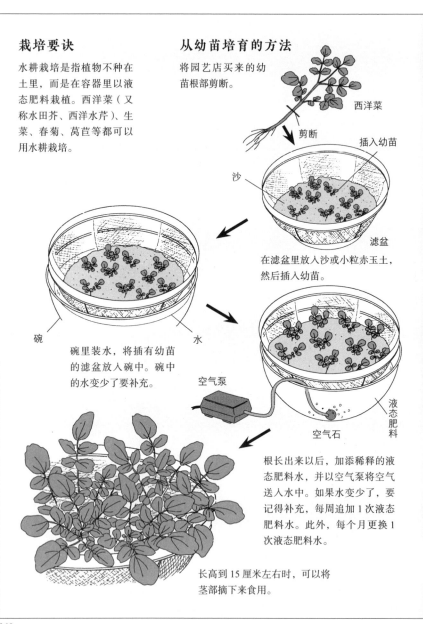

栽培要诀

水耕栽培是指植物不种在土里，而是在容器里以液态肥料栽植。西洋菜（又称水田芥、西洋水芹）、生菜、春菊、莴苣等都可以用水耕栽培。

从幼苗培育的方法

将园艺店买来的幼苗根部剪断。

西洋菜

剪断

插入幼苗

沙

滤盆

在滤盆里放入沙或小粒赤玉土，然后插入幼苗。

碗

水

碗里装水，将插有幼苗的滤盆放入碗中。碗中的水变少了要补充。

空气泵

空气石

液态肥料

根长出来以后，加添稀释的液态肥料水，并以空气泵将空气送入水中。如果水变少了，要记得补充，每周追加1次液态肥料水。此外，每个月更换1次液态肥料水。

长高到15厘米左右时，可以将茎部摘下来食用。

从种子培育的方法

滤盆　　沙

在滤盆里放入沙或小粒赤玉土，
然后放入装了水的碗里。

碗

水

撒播

在吸饱水分的沙里以
撒播的方式播种。

发芽后将植株拥挤的
地方予以疏苗。水减
少了就要补充。

空气泵

液态肥料

空气石

当根从滤盆底下长出来时，将它浸在以
水稀释过的液态肥料里，并用空气泵将
空气送入水中。水变少了就要加水，并
且每周追加1次液态肥料。此外，每个
月更换1次液态肥料水。

如果种的是生菜，大约在本叶长出10片左
右时，即可从下方依序摘取食用。

荷兰芹

栽培要诀

荷兰芹是伞形科一年生或二年生草本植物。含大量维生素和钙。较适合播种的时间是 5 月左右，但如果在室内栽培，则没有时间限定。收成期可以延续很长时间，但要注意肥料不可间断。

如何取得

可直接到园艺店购买种子。如果想要更为简便，可改买种在塑料衬盆里的幼苗。

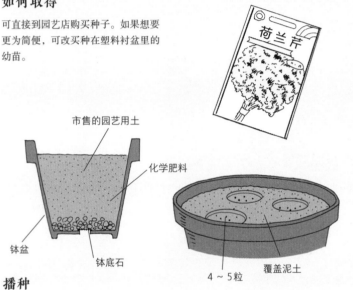

市售的园艺用土

化学肥料

钵盆

钵底石

4 ～ 5 粒

覆盖泥土

播种

在钵盆里放入园艺用土和基肥的化学肥料，以每处 4 ～ 5 粒的方式点播。播种后覆盖一层薄薄的土，然后浇灌适量的水分。

发芽后施予液态肥料。

液态肥料

日常照顾

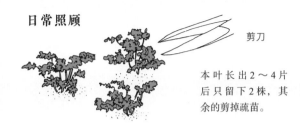

剪刀

本叶长出 2～4 片后只留下 2 株，其余的剪掉疏苗。

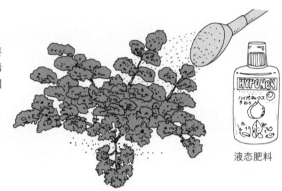

土的表面干燥时要补充水分。以水稀释液态肥料，每周施肥 1 次。

液态肥料

收成

本叶长出 10 片左右时，可以开始从下方依序摘采叶子。要注意的是，如果不即时采收，植株很快会枯萎。下方的叶子摘掉后要进行培土。

从下方采收的叶子

豆芽

栽培要诀

一般所指的豆芽大都是由绿豆或黄豆发成的，但其实苜蓿、荞麦的种子也都可以用来发芽。豆芽全年都可以栽培，并且在短短 1 周即可收成。

如何取得

可直接到园艺店购买可以发芽的种子。

播种

种子用水清洗后，在水中泡 1 晚就可发芽。

发芽用种子

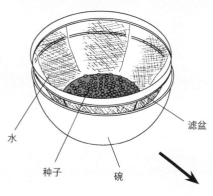

水

种子

碗

滤盆

纱布或滤网

橡皮圈

广口瓶

在洗净的广口瓶里放入豆子，以橡皮圈将纱布或较细密的滤网箍在瓶口当做盖子。

日常照顾

将瓶子放在水龙头下，注入足够的水。

立刻使瓶口朝下，将水倒掉。

水

豆子

碗

纸箱

水倒掉后将豆子连同容器一起放入纸箱中，或放在流理台下方没有亮光的地方等待发芽。将水注入然后倒掉的动作每天做2～3次。要注意别让豆芽烂掉了。

收成

大约1周左右豆芽发出来以后即可采收。苜蓿芽则只要1天，日光照射、芽变绿后就可食用了。

洋甘菊

栽培要诀

洋甘菊是菊科一年生草本植物。花经常被用来制作花草茶。适合春季或秋季播种。喜好生长在排水良好、日照充足的地方。

月份	1	2	3	4	5	6	7	8	9	10	11	12
播种									■	■		
开花				■	■	■	■					

*秋季播种

如何取得

可直接到园艺店购买种子或幼苗。以买幼苗植较为省事。

播种

播种前将钵盆放入较大的盛水容器中，让盆里的土壤充分吸水。

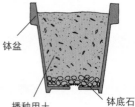

钵盆

播种用土　　　钵底石

水

German chamomile

将所有的种子撒播在钵盆里，因为种子很细小，注意一次不要使用过多。

报纸

为了不让土壤变干燥，钵盆上覆盖报纸。发芽后即可将报纸拿掉，并将钵盆自水中取出，照射日光。

镊子

经常以喷筒补充水分。如果本叶长出许多，将发育较好的留下，其余的用镊子予以疏苗。

栽植

本叶长出 4～6 片左右时，植入较大的钵盆或栽培槽去。土的表面较干燥时要补充水分。如果直接购买幼苗，就从以下的步骤开始。

肥料

园艺用土

钵底石

日常照顾

将液态肥料以水稀释，每 2 周施肥 1 次。

液态肥料

如果植株生长太过茂盛，从下方剪除，以提高通风。

收成

秋季播种，第二年春季到夏季就会陆续开花。只要采收花的部分。

花朵干燥后放入容器里，保存在冰箱里。可以用来泡花茶。

鼠尾草

栽培要诀

鼠尾草是唇形科多年生草本植物。嫩叶及茎经常被用于焖煮料理或加入汉堡、香肠里。适合在春季或秋季播种。右表是以春季播种为例。喜好生长在排水良好、日照充足的地方。

月份	1	2	3	4	5	6	7	8	9	10	11	12
播种			■	■								
收成							■	■	■	■		

* 春季播种

如何取得

可直接到园艺店购买种子，也可以用扦插或接枝的方式增生。

播种

钵底石

市售的园艺用土

播种前让土充分湿润。

将所有种子撒播。

筛子

将土过筛，轻轻覆盖在种子上。

镊子

经常以喷筒补充水分。如果本叶长出许多，将发育较好的留下，其余的用镊子予以疏苗。

栽植

本叶长出 6～8 片时,将每株分别种到不同的钵盆里。土的表面干燥时要补充水分。

肥料

园艺用土

钵底石

日常照顾

在植株基部施加化学肥料,每月 1 次。

化学肥料

春季播种到隔年春季会开花。为使侧芽能够生长,将长出来的枝子摘掉。

将钵盆放在室内,冬天也会长出新的叶子。

收成

夏季到秋季,新叶长到 5～20 厘米左右时便可采收。叶子可直接当作辛香料。此外,叶和茎风干后,除了可作辛香料,还可制作干燥花芳香剂和泡花草茶。

倒挂风干

百里香

栽培要诀

百里香是唇形科多年生草本植物。叶和花常被使用在肉类料理中，或是制作花草茶。适合春季或秋季播种。右表以春季播种为例。喜好生长在排水良好、日照充足的地方。

月份	1	2	3	4	5	6	7	8	9	10	11	12
播种												
开花						(第二年)						
收成								(第二年)				

＊春季播种

如何取得

可直接到园艺店购买种子，也可以用扦插或接枝的方式增生。

播种

播种前将钵盆放入较大的盛水容器中，让盆里的土壤充分吸水。

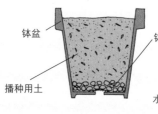

钵盆

钵底石

播种用土

水

较大的容器

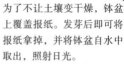

将所有的种子撒播在钵盆里，因为种子很细小，注意一次不要使用过多。

报纸

为了不让土壤变干燥，钵盆上覆盖报纸。发芽后即可将报纸拿掉，并将钵盆自水中取出，照射日光。

经常以喷筒补充水分。如果本叶长出许多，将发育较好的留下，其余的用镊子予以疏苗。

栽植

本叶长出 5～6 片时，可植入较大的钵盆或栽培槽里。如果是种在栽培槽，植株之间的距离大约是 30 厘米。

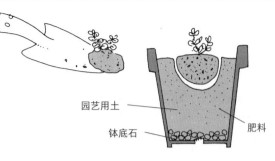

园艺用土

肥料

钵底石

日常照顾

土的表面干燥时要补充水分。

化学肥料

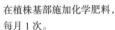

在植株基部施加化学肥料，每月 1 次。

收成

将叶和茎切下，可直接作料理的辛香料。将植株基部留下 10 厘米左右，用剪刀剪断后阴干。完全干燥后将叶和花剥离，放入容器里保存。干燥的花和叶可用来制作干燥花芳香剂和花草茶。

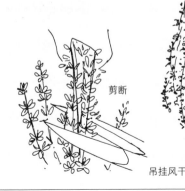

剪断

吊挂风干

将钵盆放在室内，冬天也会长出新的叶子。

薄荷

栽培要诀

薄荷是唇形科多年生草本植物。叶子可以制作花草茶或是当作甜点的特殊口味。适合春季或秋季播种。右表以春季播种为例。夏季时要避免阳光直射，并且注意不可缺水。

月份	1	2	3	4	5	6	7	8	9	10	11	12
播种												
收成												[第二年]

＊春季播种

如何取得

可直接到园艺店购买种子，也可以用植株分出来的枝叶扦插增生。

播种

钵盆

园艺用土

钵底石

水

播种前将钵盆浸在水盘里，让土壤吸收水分。

将所有的种子撒播在钵盆里。

报纸

为了不让土壤变干燥，钵盆上覆盖报纸。发芽后即可将报纸拿掉，并将钵盆自水中取出，照射日光。

镊子

本叶长出来后，就会发出薄荷的气味了。将发育较好的留下，其余的用镊子予以疏苗。

栽植

本叶长出 5 ~ 6 片时，可植入到较大的钵盆或栽培槽里。如果是种在栽培槽，植株之间的距离大约是 30 厘米。土的表面干燥时要补充水分，夏季要将钵盆放在阳光直射不到的地方。

园艺用土

钵底石

大钵盆

日常照顾

在植株基部施加化学肥料，每月 1 次。

化学肥料

春季播种，隔年夏季会开花。为使侧芽能够生长，将长出来的枝子前端摘掉。

收成

将气味较强的叶子摘下来，可直接用来泡薄荷茶。

可以密闭的容器

将长得很大的枝叶剪下来阴干。叶子放在可以密闭的容器里保存。

薰衣草

栽培要诀

薰衣草是唇形科多年生草本植物。可以用来做干燥花或花草茶。适合春天播种。不耐高温高湿，须特别注意。

月份	1	2	3	4	5	6	7	8	9	10	11	12
播种												
开花								(第二年)				

＊春季播种

如何取得

直接到园艺店购买种子或幼苗。也可以用扦插的方式增生。

播种

钵盆

播种用土　　钵底石

播种前让土吸收水分。

将所有的种子撒播在钵盆里。

将土过筛，轻轻覆盖在种子上。

筛子

镊子

经常以喷筒补充水分。如果本叶长出许多，将发育较好的留下，其余的用镊子予以疏苗。

栽植

本叶长出6～7片时，将每株分别种到不同的钵盆里。土的表面干燥时要补充水分。以水稀释液态肥料，每2周施肥1次。

肥料

园艺用土

钵底石

以扦插增生

新芽

将新芽剪掉10厘米左右，并将下方的叶子摘掉。

浸在水中剪掉末尾一段。

赤玉土

插在赤玉土里，并给予适当的水分。长出根以后，可以换植到钵盆里。

日常照顾

钵盆须放在通风良好又阴凉的地方。梅雨季时，要将它移到雨打不到的地方。夏季时放在窗帘后方，以避免阳光直射。

收成

第二年春天到初夏会开花。连茎带花剪下来阴干，可以制作干燥花。如果只摘取花的部分，可做成干燥花芳香剂。

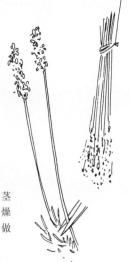

种植香药草乐无穷

种植香药草不但拥有欣赏开花的乐趣，还可用来做花草茶、辛香料、干燥花芳香剂，以及洗花草浴。香药草所散发出来的气味令人心旷神怡，不妨栽植不同的种类，更添生活情趣。

	花（新鲜）	花（干燥）	叶（新鲜）	叶（干燥）
洋甘菊	花草茶	花草茶 花草浴		
鼠尾草	辛香料		辛香料 花草茶	干燥花芳香剂 辛香料 花草茶
百里香	花草茶		辛香料	花草茶 辛香料
薄荷			花草茶 辛香料	干燥花芳香剂 花草茶 花草浴
薰衣草		干燥花芳香剂 花草茶 花草浴		

索引

图书在版编目（CIP）数据

饲养栽培图鉴 /（日）有泽重雄著；（日）月本佳代
美绘；申文淑译 . -- 成都：四川人民出版社，2019.10
ISBN 978-7-220-11474-8

Ⅰ . ①饲… Ⅱ . ①有… ②月… ③申… Ⅲ . ①饲养学
—普及读物②栽培学—普及读物 Ⅳ . ① S815-49 ② S3-49

中国版本图书馆 CIP 数据核字 (2019) 第 129996 号

Illustrated Guide to Raising Animals and Plants
Text by SHIGEO ARISAWA
Illustrated by KAYOMI TUKIMOTO
Text © Shigeo Arisawa 2000
Illustrations © Kayomi Tsukimoto 2000
Originally published by Fukuinkan Shoten Publishers, Inc., Tokyo, 2000
under the title of SHIIKUSAIBAI ZUKAN The Simplified Chinese language rights arranged
with Fukuinkan Shoten Publishers, Inc., Tokyo through Bardon-Chinese Media Agency
All rights reserved
本书中文简体版权归属于银杏树下（北京）图书有限责任公司

SIYANG ZAIPEI TUJIAN
饲养栽培图鉴

著　　者	［日］有泽重雄
绘　　者	［日］月本佳代美
译　　者	申文淑
选题策划	后浪出版公司
出版统筹	吴兴元
编辑统筹	王　頔
特约编辑	李志丹
责任编辑	杨　立　邵显瞳
装帧制造	墨白空间·张莹
营销推广	ONEBOOK
出版发行	四川人民出版社（成都槐树街 2 号）
网　　址	http://www.scpph.com
E－m a i l	scrmcbs@sina.com
印　　刷	天津图文方嘉印刷有限公司
成品尺寸	129 毫米 ×188 毫米
印　　张	12
字　　数	210 千
版　　次	2019 年 10 月第 1 版
印　　次	2019 年 10 月第 1 次
书　　号	978-7-220-11474-8
定　　价	70. 00 元

著者：[日]木内胜
绘者：[日]木内胜、田中皓也
译者：吴逸林

书号：978-7-220-11382-6
页数：384
定价：70.00元

手工图鉴

这是一本从零开始的手作玩具完全指南
传统玩具、创新玩具，都能自己动手做

内容简介 | 本书是专门为想自己动手制作玩具的人量身定做的指导手册，全书介绍了170余种手工玩具，不仅有经典的传统玩具，还有广受欢迎的创新玩具。根据使用的不同工具，分为剪刀、小刀、锯子等八章，每一章都详细说明了制作各种玩具所需的工具、材料、做法及法。同时辅以6000幅实用、精美的插画，具体说明每个玩具的制作步骤与成品图。为了方便不同程度的读者，作者还标明了每个玩具的制作难易度，让初学者也能由简入繁、循序渐进地完成挑战。